鲜切花标准化栽培技术

郎立新　主编

中国农业出版社

内容简介

由于鲜切花种类较多，致使广大花卉从业者难以全面掌握各种鲜切花生产技术。本书正是在此基础上，选择百合、郁金香、玫瑰、香石竹、洋桔梗、单头菊、多头小菊、唐菖蒲、非洲菊9种栽培规模较大的鲜切花，对行业内的成熟技术进行凝练和集成，力图针对每种鲜切花形成一套相对完整的种植方案。

本书编著团队长期从事鲜切花栽培技术研究，对于鲜切花主栽品种、生产条件、技术措施和存在问题等方面，都有着比较深入的了解。因此本书在编写过程中，围绕9种鲜切花的关键生产环节，以通俗易懂的语言介绍轻简高效的操作技术，以期为广大花农、花卉企业技术人员、基层农技推广人员开展生产经营和技术指导提供帮助。

编者人员名单

主　编　郎立新

副主编　王志刚　杨迎东　赵兴华

参　编　（按姓名笔画排序）

王　茹　王伟东　王丽波　孔佑树　左　岩
田海亮　白一光　冯秀丽　冯英丽　司海静
邢桂梅　刘振雷　安颖蔚　孙大为　李　振
李雪艳　李桂伟　杨佳明　张　莹　张　鹏
张晓菲　张惠华　武明宇　岳　玲　周　攀
周俐宏　屈连伟　赵　展　赵　靖　胡新颖
侯志明　梅国红　崔玥晗　商旭文　董　玥
裴新辉

前言

随着我国经济社会的飞速发展和人们生活品质的提高，花卉在普通人的日常生活、公共以及私人空间的绿化美化中获得了越来越广泛的应用，鲜切花更是花卉产品中最重要的类别，广泛应用在个人消费、公关礼仪、重要节日、重要庆典中。近年来，由于对空气质量的重视，还出现了用鲜花替代佛香开展佛事活动的尝试。鲜切花产业的发展越来越呈现出美好前景，并被称为农业中的“朝阳产业”。中共十八大以来所倡导的生态文明建设和美丽中国建设更是为鲜切花产业的发展带来难得的机遇。众多的农民个人和企业也正是看中了这样的发展机遇才积极地投身于这个新兴的行业之中，以极大的勇气，甘冒风险，摸索前进。

鲜切花的种类繁多，每一种鲜切花都有其特有的含义和用途，同时也有其特有的栽培方式，可以说会种玫瑰（月季）的花农不一定会种菊花，会种菊花的花农也不一定会种百合，各类鲜切花的生产技术都有其鲜明的特点和难点。再加上从业者大都没有足够的技术积累和资金投入，生产规模小，生产条件参差不齐，造成国内鲜切花生产的技术水平和产品质量也是千差万别。国外虽然有现成的技术可以引进，但其技术是在大规模现代化农场的生产条件下形成的，国内从业者无法直接照搬照抄，需要在借鉴的基础上进行创新，以适应国内的生产条件。本书作者多年来从事鲜切花栽培技术的研究和示范推广，熟练掌握鲜切花的生产技术。本书作者将多年的工作经验、研究进展以及行业内相对成熟的技术成果进行凝练和集成，形成一套相对完整的标准化栽培技术，供广大从业者参考。本书选择了9种种植规模较大和经济效益较高的鲜切花，以实用性、通用性和普遍性为原则，在写法上力求内容详尽，通俗易懂，便于广大从业者掌握和应用。

由于我国地域辽阔，生产环境和生产方式差别巨大，栽培技术的发展也是日新月异，加之作者能力与经验有限，粗浅和疏漏之处在所难免，敬谢广大读者批评指正。

编　者

2017年9月

目 录

第一章　百合切花标准化栽培技术

百合（*Lilium*）是百合科百合属多年生球根植物，主要分布在亚洲东部、欧洲、北美洲等北半球温带地区，全球已发现至少120个品种，其中55种产于中国。因其鳞茎由许多白色鳞片层环抱而成，状如莲花，因而取“百年好合”之意命名，是一种从古到今都深受人们喜爱的世界名花，与菊花、玫瑰、香石竹、唐菖蒲、非洲菊并称为“世界六大切花”。百合经过人工杂交而产生的新品种，主要分为亚洲百合、麝香百合、东方百合3个系列，目前我国设施鲜切花栽培的品种主要为东方百合。

一、制订种植计划

从事百合鲜切花生产，种球投入成本高，利润大，风险也大。实践中一定要牢牢树立“以销定产”的意识，多渠道掌握产品供求信息，对未来市场走势作出准确判断，计划好上市时间，综合考虑设施（大棚）条件、品种特性、种植季节、种植经验（个人喜好）、自身销售能力等因素，科学制订生产计划，切忌跟风生产，盲目扩大规模。

（一）品种选择

长期以来辽宁地区主栽品种以东方杂种系的西伯利亚（Siberia）和索邦（Sorbonne）为主，近年来OT杂种系品种因观赏性状好、抗逆性强、管理简单、经济效益好，种植面积不断增加，代表品种有木门（Conca d'or）、罗宾娜（Robina）等。

（二）确定定植时间

很难准确地给出百合从定植到开花所需的时间，因为它取决于以下几个因素：栽培类型、一年中栽培的时间、种球的冷处理情况和温室中的温度。

在同一类型的百合中，不同的栽培品种之间也存在着栽培时间的差异。在此结合辽宁地区气候特点和农民的种植习惯，针对几个主栽品种给出一个时间范围。表 1-1 是基于在栽培初期给植株提供了最佳的白天和夜间温度，整个栽培过程最低温度在 8℃以上的情况下总结的，仅供大家参考。

表 1-1 辽宁地区不同季节不同品种种植至切花所需天数

（单位：天）

品种	七夕节	国庆节	元旦	春节
西伯利亚	70	75	105	120
索　邦	60	65	90	105
木　门	60	65	90	105
罗宾娜	60	65	90	105

切花生产首先要确定上市时间，根据表 1-1 中的数据和自己的种植经验倒推，计算出种球定植时间，生产过程中根据天气情况和设施条件，及时采取相应的栽培手段，调节花卉的生长速度和生长状态，实现按计划出花。

二、种球预订

品种和定植时间确定好后，根据温室（大棚）的面积和定植密度计算出所需种球的数量。因我国切花百合生产用种球目前主要依赖进口，所以应提前预订，并与经营信誉好、售后服务到位的种球公司合作，以确保能按时拿到种球，保障种球的质量。

三、土壤处理

（一）土壤改良

1. 增强土壤透气性

土层深厚疏松富含腐殖质，能保持适当湿润并且排水良好的沙壤土是种植百合的适宜土壤。过于黏重的土壤不适宜种植百合，这是因为除了水分和养分外，土壤里的氧气含量对植物根系的健康生长非常重要，从而影响整个植株的发育。可在黏重的土壤中掺入清洁的河沙、珍珠岩、碳化稻壳等增强土壤通透性。

2. 调整土壤 pH

百合喜微酸性土壤，土壤适当的 pH 对百合根系的发育和矿质营养的吸收非常重要。如果 pH 过低，会导致吸收过多的矿质营养，如锰、铝和铁，而 pH 过高，又会导致磷、锰和铁吸收不足。

亚洲和铁炮百合最适宜的 pH 为 6～7；东方百合适宜的 pH 为 5.5～6.5。为了降低 pH，可在表土施草炭，或者施用尿素和铵态氮肥；要增高 pH，可在种植之前用含石灰的化合物或含镁的石灰彻底混合土壤。但使用石灰后，至少要等 1 周后才能进行种植。

3. 降低含盐量

百合不耐盐，盐分含量高会抑制根对水分的吸收，从而影响到植株茎的长度。土壤中氯和氟的含量均要求在 50 毫克/升以下，EC 值不能超过 1.5 西门子/厘米。最好在种植前 6 周取土样进行化验，对土壤的酸碱度、EC 值及肥力状况做到心中有数，以便日后有针对性地进行栽培管理。如果含盐或氯成分太高，就应该预先用水冲洗土壤。影响土壤盐分含量的 3 个因素是：所施肥料中的含盐量；灌溉水中的含盐量；前茬作物的含盐量。

洗盐方法：土壤表层盐分积累过高时可采用大水漫灌进行洗盐。6～8月利用换茬空隙揭去棚膜，深翻土壤，四周做埂防水流掉。采用大水漫灌或自然降雨，灌水浸田2～3天后把水放干，过几天再灌水浸泡后排掉。半地下温室可采用渗水井排水。

4. 土壤培肥

(1) 增施有机质。每年向土壤表层施入腐熟牛粪15米^3/亩+草炭（或稻糠）10米^3/亩，2～3年将土壤改良，使表层20厘米土壤的有机质含量达到5%以上。

(2) 测土配方施肥。种植前6周取土样进行化验，对土壤的酸碱度、EC值及有机质、氮、磷、钾含量进行检测。百合在整个生长期内对氮、磷、钾的需求比例接近$N:P_2O_5:K_2O=24:13:24$。根据需肥量和测量结果制订施肥方案。一般来讲，底肥占总需肥量的50%，生长期追肥占50%。

经验做法：土壤消毒前每亩* 土地施入腐熟牛粪15米^3，加施$N:P_2O_5:K_2O=16:8:16$的长效复合肥50千克作为底肥，机械旋耕将肥料与土壤混拌均匀。

微量元素、微生物肥料等可作基施。不能施用碱性、含氯和含氟的肥料，农家肥必须充分腐熟后方可使用。

（二）土壤消毒

百合忌连作。在种植百合前要进行土壤消毒，常用的方法有蒸汽消毒和化学消毒两种。蒸汽消毒由于耗能多、操作麻烦，目前很少使用；化学消毒操作简便，对设施的需求不高，现在应用较为广泛。

1. 蒸汽消毒

在25～30厘米深的土壤处进行蒸汽消毒，在70～80℃温度条件下至少保持1小时。此法操作比较烦琐，实际生产中应用

* 亩为非法定计量单位，1亩≈667米^2。——编者注

很少。

2. 化学消毒

（1）简单消毒。用 40%的福尔马林水溶液加水配成 50 或 100 倍药液泼洒土壤，用量为 2～5 千克/米^2，泼洒后用塑料薄膜覆盖 5～7 天，揭开晾晒 10～15 天即可种植。也可用 50%的多菌灵可湿性粉剂原粉 8～10 克/米^2 或市面上销售的土壤消毒剂按规定用量撒入土壤中进行消毒。

（2）灭杀性消毒。目前应用最多的是垄鑫微粒剂消毒。垄鑫是一种高效、低毒、无残留的环保型广谱性综合土壤熏蒸消毒剂，属低毒杀线虫剂。特别适合于多年连茬种植的土壤消毒使用。

垄鑫施用于潮湿的土壤后，在土壤中分解成有毒的异硫氰酸甲酯、甲醛和硫化氢等，迅速扩散至土壤颗粒间，可有效杀灭土壤中各种线虫、病原菌、地下害虫及萌发的杂草种子，从而达到清洁土壤的效果。

具体操作方法：

①准备：清洁田园，施入腐熟农家肥，灌水增加土壤湿度，使土壤含水量达到 60%，以便让线虫、病菌和草籽萌动，5 天后翻松土壤。

②施药：100%垄鑫微粒剂按面积计算用药量，使用剂量为 25～30 克/米^2，均匀撒施在土壤表面，将药剂与 20 厘米的耕层土壤拌匀，浇水增湿土壤，立即覆盖塑料，四周用土压实，密闭 20～30 天。揭膜通风 15 天，松土 1～2 次。

③安全性检验：在施药处理的土层内随机取土样，装入玻璃瓶，在瓶内放入沾有小白菜种子的湿润棉花团，然后立即密封瓶口，放在温暖的室内 48 小时萌芽。同时取未施药的土壤作对照，如果施药处理的土壤有抑制发芽的情况，则应再松土通气，当发芽测试证明垄鑫气体散发干净后，方可栽种作物。

④注意事项：

a. 整地要细，土壤湿度适中（40%～70%），施药均匀。

b. 使用适宜的塑料薄膜，保持一定的覆盖时间，消毒完成后确保散气时间，无残留药害。

c. 施用土壤后受土壤温湿度以及土壤结构影响较大，使用时土壤温度应高于12℃，12～30℃最宜，土壤湿度需高于40%（湿度以手捏土能成团，1米高度掉地后能散开为标准）。

d. 为避免土壤受二次感染，农家肥（鸡粪等）一定要在消毒前加入。

e. 因为垄鑫具有灭生性，所以不能与生物药肥同时使用。

四、种球定植

（一）种球选购

切花百合优质种球的标准：种球新鲜饱满、鳞片紧实完整、无病虫、伤口少，基盘根粗壮数量多。周径14～20厘米。新芽生长点高度占鳞茎高度的70%以上。种球茎眼修复良好、芽粗壮、芽心粉红色，新芽高度小于3厘米。目前我国切花用百合种球几乎全部为进口种球，选购种球时尽量从信誉好、售后服务有保障的经销商处购买。

（二）种球解冻

种球抵达后应及时打开塑料包装袋，冷冻的种球须将塑料箱置于10～15℃的遮阴环境中缓慢解冻。已解冻的种球若不能马上下种，应在2～5℃的环境下存放。超过一周不能下种应置于0～2℃的环境中保存。

（三）种球消毒

播前的种球应进行严格消毒处理，种球消毒用广谱+内吸性两种杀菌剂混合作浸球处理，浸球时根据虫害发生情况添加相应杀虫剂。带菌和腐烂较多的种球可用50%多菌灵可湿性粉剂500倍液+96%恶霉灵水剂500倍液消毒20分钟，一般情况可用50%多菌灵可湿性粉剂500倍液+80%代森锰锌可湿性粉剂500倍液浸泡种球20～30分钟，阴干再种。

（四）种植密度

根据品种及种球规格确定种植密度，一般选择种球周径为：索邦14～16厘米、西伯利亚16～18厘米、OT系列品种18～20厘米，每亩定植数为12 000～15 000粒。枝条硬度好的品种适当密一些，枝条偏软的品种稀一些；种球规格小适当密一些，种球规格大稀一些。

（五）种植模式

1. 平畦栽培

畦宽1米，三行种植，按行距25厘米开沟，按株距10～15厘米将种球栽到沟里，摆球时顶芽垂直向上，相邻两行种球交叉摆放，种球上方覆土厚度6～8厘米，黏性土壤可浅一些，疏松、保水差的土壤则深一些。畦面耧平、浇透水，两天后再浇透水一次。此种模式采用大水漫灌的方式浇水，因操作简单，不需铺设微喷带，目前在辽宁地区广泛应用。缺点是浇水量不易控制，低温季节易造成温室内地温过低和空气湿度过大，导致病害发生，影响品质。

2. 高畦栽培

土地平整后直接开沟定植，行距25厘米，株距10～15厘米，种球栽完后从畦面两侧取土覆盖种球上6～8厘米，做成畦面宽70厘米、高10厘米、垄沟宽30厘米的高畦。将畦面耧平，上覆5厘米厚稻草或碎秸秆，以保持床面土壤疏松透气。每畦按间距25厘米铺设两根微喷带或滴灌带，浇透水，两天后再浇透水一次。

高温季节种植前应用遮光、通风和冷水灌溉等方法使土壤湿润、降温。

高畦栽培在冬季反季节栽培期间可以有效提高地温，通过控制给水量可以有效降低温室中的空气相对湿度，从而起到抑制病害发生的作用。建议有条件的企业和个人采用高畦栽培。

五、植株修剪

（一）拉支撑网

百合生长后期，尤其是现蕾后重心偏高，易出现倒伏现象，需及时架设支撑网（或线绳），使其能直立生长。高畦栽培铺完微喷带后即可架设，一般选用依株行距定做的尼龙网，随着植株高度的增加不断向上提。平畦栽培可在植株高度 60 厘米左右开始挂网或拉绳，操作过晚会影响茎秆的直立程度。

（二）疏蕾

百合的花序多为总状花序，种球周径越大，花序的花蕾数越多。切花用商品种球周径多大于 14 厘米，花蕾数最少 2 个，最多的可达 10 个以上。为了使产品达到最佳的观赏效果和方便运输，通常需要去除多余的和发育不良的花蕾，保留发育良好、长势均匀一致的 3～5 个花蕾。疏蕾最好在花蕾发育到 1～3 厘米时进行，过晚易造成伤痕，影响美观。

六、肥料施用

种植后的前三周使根系得到适合的发育非常重要。为避免土壤中的盐分过高对根部造成损伤，在种植后头三周一般不追施化肥。如果植株的下半部分有发黄的现象，可按 1.5～2 克/米^{2}的用量施用硫酸镁。第四周开始可以按照表 1-2 所示施用硝酸钙和硝酸钾。每周施肥一次，表中的肥料每周交替使用。东方百合有的品种对铁元素的需求量较大，一般在定植后第四周每亩地根部追施螯合铁 1 千克，两周后追施第二遍。也可通过叶面喷施进行补铁，通常使用浓度为 2 000 倍。

表 1-2　追施肥料参照表

所用肥料	成分	每亩地用量
硝酸钙［$Ca(NO_3)_2$］	N15.5% 氮+CaO26.3%	7 千克
硝酸钾（KNO_3）	N13.7% 氮+K_2O46.2 %	7 千克

七、温度控制

要想获得高品质的百合切花，温室内的温度控制十分重要。在定植后的 3～4 周，土壤温度必须保持 12～13℃的低温，以利茎生根的发育。发育良好的根系对获得高质量的产品极为重要。温度过低会延长生长周期，而温度高于 15℃，则会导致茎生根发育不良。在这个阶段，种球主要靠基盘根吸收水分、氧气和营养。当茎根开始生长，这些新的茎生根很快就会代替基盘根为植株提供 90%的水分和营养。所以要想获取高质量的百合，茎生根的发育状况十分关键。好的茎生根标准是：颜色呈白色且根毛多。由于生根期土壤温度至关重要，所以在高温季节，为了降低土壤温度，可采取以下措施：在种植后 3～4 周进行遮阴；用稻草等覆盖土壤；加强通风；种植前用温度较低的地下水灌溉土壤；使用土壤降温系统；此外如果条件允许，也可以采用冷库生根的方法。

生根期过后，东方百合的最佳日常温度是 15～17℃。在白天温室内温度有时会上升到 25℃，也是可以接受的；但若温度低于 15℃，则可能导致落蕾和黄叶。亚洲百合的环境温度应该控制在 14～25℃，在晚上，温度降至 8～10℃，只要湿度不是太大，也不会造成明显的影响。铁炮百合的环境温度应控制在14～23℃，为防止花瓣失色、花蕾畸形和裂苞，白天和晚上的温度均不能低于 14℃。

若白天温度过高则应通过通风、遮阴来降低温度。昼夜温差控制在 10℃为宜。夜温过低易引起落蕾、黄叶和裂苞；若夜温过高，则百合花茎短、花苞少，品质降低。国内有用赤霉素溶液喷浇植株以增加花茎长度的方法，具体用量因不同的生长期，不同环境温度而有所不同，一般生长初期可少些，后期可多些。需要注意的一点是，国内的日光温室冬季温度普遍较低，会延长百合的生长期，并严重影响切花的品质，应增加调节温度的手段，同时在推算上市的时间时应充分考虑到这些因素。

低于 15℃的低温持续时间越长对百合生长造成的伤害越大，冬季应尽量缩短晚间低温的持续时间。冬季保温增温措施有：有加温设备的应启动夜间加温，无加温设备的应选择厚草帘、保温被等保温效果好的覆盖材料。放草帘时重叠处接合要严密。选用透光、保温性好的塑料膜。白天充分利用光照提高地温，发挥日光温室后墙的蓄热功能。早上尽可能早一点起帘见光，晚上放帘前应利用光照将棚内温度提升到 25℃以上。

八、光照控制

光是控制切花质量的重要条件，百合花芽发育尤其需要充足的光照。光照不足会造成植株生长不良并引起百合落蕾，叶色、花色变浅，瓶插寿命缩短。在中国北方冬季种植百合，由于受玻璃或塑料膜等保温材料的影响，有 25%～30%的阳光被遮挡，所以除了要保持玻璃及塑料膜表面清洁，使之透光良好外，有些品种还需进行补光。通过补光可以使百合的花期提前，花朵颜色更加鲜艳纯正，有助于提高产品质量。补光可用节能灯或植物生长专用灯。夏季生产百合还要避免强阳光直射，使用遮阴网可调节温室中的温度、相对湿度和光照量。在光照强的月份中，即使进行通风，温室中的温度也会急剧上升。在这种情况下就有必要使用遮阴网来防止切花品质的下降。种植户可对亚洲杂交型百合进行50%～60%的遮阴，对东方杂交型百合进行65%～75%的遮阴。

生长后期当花苞长至1～3厘米时应适当增加光照，但需防阳光烧伤，在阴天或太阳光较弱时尽可能补充光照。采收前两周应根据计划上市时间和植株长势以及天气情况灵活掌握是否遮阴，以便有效地控制切花时期。

九、水分控制

土壤在种植前需先浇足够的水分，定植前的土壤湿度以手握成团、落地松散为好。在温度较高的季节，定植前如有条件应浇一次冷水以降低土壤的温度。定植后再浇1～2次透水，使土壤和种球充分接触，为茎生根的发育创造良好的条件。

由于茎生根是在土壤上层部位发育，应使这部分土壤保持湿润，但也要避免水分过多，否则会影响对根部氧气的供应，从而对根系的发育造成影响，同时增加了由腐霉菌引起根腐病的风险。

浇水量需综合考虑以下因素：

①土壤的类型：沙质土壤保水力和毛细作用差，不如黏质土壤。

②温室气候：高温低湿将增加植株的蒸发。

③品种：叶片的多少影响到蒸发量的不同。

④植株的发育情况：不同的生长阶段蒸发量不同。

⑤土壤中的盐分含量：盐分含量高会降低植株对水分的吸收，应保持土壤的含水量。

在干燥的季节，每天水分的供应量应在8～9升/米^2。用仪器测量土壤含水量在40%～80%范围内变动比较适合。检查浇水量是否适宜的一个简易的方法是，用手紧捏一把土，如果几乎不能挤出水来，这样的水分含量较为适合。同时要经常检查灌溉系统的供水是否均匀。但在实际生产中很容易被大多数生产者忽视。最佳的浇水时间是在上午8～10时。如果有必要可打开加热系统或通风系统以防止灰霉菌的感染。

十、通风换气

适宜的空气相对湿度为70%～80%。应避免相对湿度剧烈波动，相对湿度的剧烈变化会对植株的生长会造成不良影响，导致一些敏感的品种发生叶烧现象。可利用遮阴、通风以及喷淋等方法来调节温度预防上述问题的发生。

通风是控制温度和降低相对湿度非常重要的方法。最好在清晨室外相对湿度较高时开始进行。温室内夜间湿度较大，在早晨放风时要分阶段、缓慢降低湿度，尤其是在户外的相对湿度较低时。不宜在白天温室内相对湿度低时大量浇水，最好的浇水时间是在清晨。在温暖、光照少、无风或潮湿的气候条件下，空气相对湿度通常较高，一般采用加温和通风的方法来降低相对湿度。

十一、主要病害防治

（一）真菌性病害

1. 百合灰霉病

（1）感病症状。百合灰霉病为害叶片、花蕾、茎和花。幼嫩茎叶顶端染病，致茎生长点变软、腐烂；叶部染病，形成黄色至赤褐色圆形或卵圆形斑，病斑四周呈水浸状；湿度大时，病部产生灰色霉层，即病原菌的分生孢子梗和分生孢子；高温干旱季节发病，病斑干且变薄，浅褐色，随病害扩展，病斑渐扩大，致全叶枯死；花蕾染病，初生褐色小斑点，扩展后引起花蕾腐烂，严重时很多花蕾会粘连在一起，湿度大时，病部长出大量灰霉，后期病部可见黑色细小颗粒状菌核。

（2）病原。病原菌为葡萄孢菌［*Botrytis elliptica*（Berk.）Cooke］，属半知菌亚门真菌。分生孢子梗直立，浅褐色至褐色，具3个或多个隔膜，顶端有3至多个分枝，分枝顶端簇生许多分生孢子；分生孢子单胞无色至浅褐色，椭圆形至卵圆形，个别球形，大小16～35微米×10～24微米，一端具尖突；菌核黑色很小，直径0.5～1毫米。灰葡萄孢（*Botrytis cinerea* Pers.）也引起该病。两种葡萄孢菌的区别：前者分生孢子椭圆形，较大；后者卵圆形，较小。百合葡萄孢（*B. liliorum* Hino）也是该病病原。

（3）传播途径和发病条件。病菌以菌丝体在寄主被害部或以菌核形态遗留在土壤中越冬。翌年春季随气温升高，越冬后的菌丝体在病部产生分生孢子梗和分生孢子，通过气流传播引起初侵染。田间发病后，病部又产生分生孢子进行再侵染。病菌生长适温22～25℃，田间雨雾多，相对湿度高于90%时病害扩散快。当条件适合时，百合灰霉病的孢子形成、释放和萌发整个过程在很短的时间内便可完成；连续阴雨天和雾天，百合叶片有水分时，便可以导致该病的爆发和流行。另外，百合灰霉病也可以借带菌种球进行传播，受到生理性伤害的部位也容易发生灰霉病。

（4）防治方法。

①选用健康无病鳞茎进行繁殖，栽培耐病品种。由于种球可能带菌，所以百合种球栽培前最好使用药剂消毒。

②采用设施避雨栽培，田间或温室要注意通风透光，避免栽植过密。提倡田间灌水采用滴灌的方式，降低相对湿度；适当增施钙肥、钾肥，可增强抗病力。促进植株健壮，增强抗病力。

③发现中心病株及时拔除，将病叶和病茎集中清除、烧毁，并在病部及时喷药。冬季或收获后及时清除病残株并烧毁，以减少菌源传播。

④药剂防治：发病初期每7～10天交替叶面喷施50%咯菌腈可湿性粉剂3 000倍液、10%世高水分散粒剂2 000倍液、75%百菌清可湿性粉剂600倍液、50%嘧菌环胺水分散粒剂1 000倍液等药剂。或喷洒36%甲基硫菌灵悬浮剂500倍液、50%苯菌灵可湿性粉剂1 000倍液、50%速克灵可湿性粉剂1 000倍液、50%异菌脲可湿性粉剂1 000倍液。为防止产生抗药性，应提倡合理交替或复配使用。

2. 百合疫病

（1）感病症状。又称脚腐病。主要侵害茎、叶、花、鳞片和球根。茎部染病初生水浸状暗绿色至黑褐色腐烂，逐渐向上、下扩展，加重茎部腐烂，致植株倒折或枯死；叶片染病初生水浸状小斑，扩展成灰绿色大斑，最后导致叶片变黄；花染病呈软腐状；球茎染病出现水浸状褐斑，扩展后腐败，产生稀疏的白色霉层，即病原菌孢囊梗和孢子囊。

（2）病原。病原菌为恶疫霉属鞭毛菌亚门真菌［*Phytophthoracactorum*（Leb. et Cohn）Schrotr］。

（3）传播途径和发病条件。病菌以厚垣孢子或卵孢子随病残体留在土壤中越冬，翌年条件适宜时，厚垣孢子或卵孢子萌发，侵入后引发病害，病部又产生大量孢子囊，孢子囊萌发后产生游动孢子或孢子囊直接萌发进行再侵染。潮湿多雨的气候，尤其是每次大雨后，排水不良，均有利于该病的发生和蔓延。

（4）防治方法。

①采用高垄栽培，以利雨后及时排除积水。要求畦面平整，保证土壤有良好的排水条件；防止作物在浇水后长期处于潮湿状态。发现病株，及早挖除，集中烧毁或深埋。在夏季，土壤温度要尽可能最低。

②施用酵素菌沤制的堆肥或充分腐熟的有机肥，采用配方施肥技术，适当增施钾肥，提高抗病力。

③用土壤消毒剂消毒受感染的土壤。发病初期，喷洒40%

三乙磷酸铝可湿性粉剂250倍液、58%甲霜灵·锰锌可湿性粉剂500倍液、64%噁霜·锰锌可湿性粉剂500倍液或72%霜脲·锰锌可湿性粉剂800倍液。

3. 百合基腐病

（1）感病症状。百合基腐病又称枯萎病，主要危害百合鳞茎基部和鳞片，发病后球根基盘或鳞片上产生褐色腐烂，沿鳞片向上扩展，染病鳞片常从基盘上脱落，有时在外层鳞片上出现褐色病斑，发病轻的球茎症状不明显。地上部基部叶片黄化，病株矮小。识别的标志是基部叶片在未成年就变黄，变黄叶成褐色而脱落。在茎的地下部分，出现橙色到黑褐色斑点，以后病斑扩大，最后扩展到茎内部。茎部腐烂，植株未成年就死去。

（2）病原。基腐病病原为尖孢镰刀菌百合专化型（*Fusarium oxysporum* f. sp. *lilii* Snyd. et Hans.），属半知菌亚门真菌。

（3）传播途径和发病条件。病菌以菌丝体在种球内或以菌丝体及菌核随病残体在土壤中越冬，成为翌年初侵染源。该病常与百合其他地下根腐病、鳞片腐病等同时发生，带病的球根和污染的土壤是该病主要侵染源。

（4）防治方法。

①消毒被感染的土壤，提倡施用酵素菌沤制的堆肥和腐熟有机肥，抑制土壤中有害微生物。

②合理轮作，及时拔除病株。保持通风，避免高湿和过热。

③种球消毒：定植前用40%福尔马林水溶液200倍液将种球浸泡3小时。

④贮藏窖保持通风，避免高湿和过热。

⑤用50%咪鲜胺锰盐可湿性粉剂1 000倍液灌根，喷洒36%甲基硫菌灵悬浮剂500倍液或58%甲霜灵·锰锌可湿性粉剂500倍液、75%百菌清可湿性粉剂600倍液、50%苯菌灵可湿性粉剂1 500倍液。

4. 丝核菌病

（1）感病症状。如果轻微感染的话，只危害土壤中的叶片和幼芽下部的绿叶，叶片上出现下陷的淡褐色斑点。一般来说，虽然植株的生长受一些影响，但仍能继续生长。感染严重的植株，其上部生长受到妨碍，地下部分白色叶片以及地上部最基部的叶片会腐烂或萎蔫而掉落，只在茎上留下褐色的疤痕。

（2）防治方法。用土壤消毒剂消毒已被感染的土壤。消毒后必须保证土壤不再受感染；如果前茬作物已表现受感染，就不能施用一般的土壤消毒剂，须在种植前用防治丝核菌的药剂预先处理土壤（完全渗入土壤10厘米深处）。

5. 软腐病

（1）感病症状。腐霉菌既侵害单个植株也侵害一个区域内的植物，植株矮小，下部叶片变黄，上部叶片变窄，叶色较淡，常萎蔫。受根腐病影响的植株，花芽干缩。将植物拔起，在鳞球和根茎部可见透明的、淡褐色腐烂斑点，或者完全变软腐烂。

（2）防治方法。用土壤消毒剂消毒受感染的土壤，在栽培初期保持低的土壤温度；在整个栽培期间，采用正确的栽培步骤；使用装有盆土和泥炭的种植箱栽培能使腐霉菌得到控制。在作物长出之后或可能已发生腐霉菌感染的情况下，宜在傍晚喷洒易于作物吸收的杀菌剂进行防控。

6. 青霉病

（1）感病症状。贮藏期间，在鳞片腐烂斑点上长出白色的斑点，然后会长出绒毛状的绿蓝色的斑块。被侵染后，甚至在－2℃的低温时，腐烂也会逐步增加。病菌将最终侵入鳞茎的基盘，使鳞茎失去价值或使植株生长迟缓。虽然受感染的鳞茎看起来不健康，但只要鳞茎基盘完整，植株的生长不会受到影响。种植后，侵染不会转移到茎秆上，也不会从土壤中侵染植株。

（2）防治方法。将种球贮藏在所推荐的最低温度，不要种植基盘已被侵害的鳞茎，感病的种球定植前必须用1 000倍80%克菌丹水分散粒剂、500 倍 75%百菌清可湿性粉剂、500 倍 50%多菌灵可湿性粉剂等杀菌剂水溶液浸泡 30 分钟。定植后，保持适宜的土壤温度。

（二）细菌性病害

1. 感病症状

患病鳞茎，初生灰褐色不规则水浸状斑，逐渐扩展，向内蔓延，造成湿腐，致整个鳞茎形成脓状腐烂。

2. 病原

致病菌为胡萝卜软腐欧文氏菌、胡萝卜软腐致病变种［*Erwinia carotovora* subsp. *carotovora*（Jones）］，属细菌。菌体短杆状，周生 2～5 根鞭毛。生长适宜温度 25～30℃，36℃能生长，致死温度 48～51℃。

3. 传播途径和发病条件

病菌在土壤及鳞茎上越冬，翌年浸染鳞茎、茎及叶，引起初侵染和再侵染。

4. 防治方法

（1）选择排水良好的地块种植百合。

（2）生长季节避免造成伤口，挖掘鳞茎时要小心从事，不要碰伤，减少侵染。

（3）发病后喷洒 30%绿得保悬浮剂 400 倍液、47%加瑞农可湿性粉剂 800 倍液或 72%农用硫酸链霉素可溶性粉剂 2 000 倍液。

（三）病毒病

百合病毒病分为两大类：一种有明显症状，一种症状不明显。

1. 感病症状

（1）有症状的百合患病症状。

①百合花叶病：患百合叶病的百合，其叶面呈现斑驳相间的深浅两色，严重的叶片分叉扭曲，花变形或蕾不开放。有些品种实生苗可产生花叶症状。

②百合坏死斑病：患坏死斑病的百合，有的呈潜伏侵染，有的产生褪绿斑驳状，有的出现坏死斑，有些品种花扭曲或畸变呈舌状。

③百合环斑病：患坏斑病的百合，其百合叶面上产生坏死斑，植株无主秆，无花或发育不良。

④百合丛簇病：患丛簇病的百合，其染病植株开始叶片着生密度大，并向下卷，有时出现扁茎症状。随着植株生长，顶端叶片呈现丛簇状，并向下卷曲，有的叶片逐渐黄化，呈浅绿色或浅黄色，产生条斑或斑驳状。幼叶染病向下反卷、扭曲，全株矮化。到开花期，症状最为显著，花小或不开花。

（2）无症状的百合患病症状。百合无症病毒属香石竹潜隐病毒属，叶片上一般不产生任何特殊病斑，整株带黄色，节间缩短，植株矮化，叶片黄化、萎缩。汁液、桃蚜和百合西圆尾蚜都是传播载体。常与黄瓜叶病毒复合侵染。

2. 病原

（1）百合花叶病。百合花叶病的病原为百合花叶病毒（Lily mosaic virus）。病毒呈粒体线条状，长 650 纳米，致死温度为 70℃。

（2）百合坏死斑病。百合坏死斑病原有两类，分别是百合潜隐病毒（Lily symtomless virus）和黄瓜花叶病毒（Cucumber mosaic virus）。

百合潜隐病毒：百合潜隐病毒呈粒体线条状，大小为 635～650 纳米×15～18 纳米，致死温度为 65～70℃，稀释限点为 100 000倍。

黄瓜花叶病毒：黄瓜花叶病毒呈粒体球状，直径 30 纳米，致死温度 60～75℃，稀释限点 10 000 倍，体外保毒期 3～7 天。

（3）百合环斑病。百合环斑病病原为百合环斑病毒（Lily ring spot virus）。在心叶烟上产生黄色叶脉状花叶，致死温度为60～65℃，稀释限点为1 000～10 000倍，体外25℃条件下存活1～2天。

（4）百合丛簇病。百合丛簇病病原为百合丛簇病毒（Lily rosettle virus）。

3. 传播途径

主要通过刺吸式昆虫，如蚜虫、叶跳蝉、白粉虱等害虫传播；嫁接、修剪、锄草或植株发生机械损伤时均可传播病毒；若手和园艺工具上沾染有病毒汁液，亦可引起传播。

4. 传播方式

（1）汁液传染。汁液传染通常会引发花叶型病毒病。在自然界中，有些病毒病可以通过病株、健株的枝叶间相互摩擦或人为接触摩擦发生传染。其他管理操作如移苗、整枝、抹头、插花、切取无性繁殖材料等，均可因手指或工具沾染病汁而传播病毒。

（2）媒介传染。以昆虫为主，尤其以蚜虫、叶蝉最常见，其次为土壤线虫及真菌。昆虫传染昆虫是病毒传播最重要的媒介之一。据统计传毒昆虫约465种，其中蚜虫242种左右，叶蝉133种左右，还有其他传毒介体如粉虱、蓟马、蝗虫、螨类、线虫及真菌等。

（3）无性繁殖材料传染。病毒亦可从一种植物体，如根茎、块茎、鳞茎、种子、插条、砧木、接穗在嫁接过程中感染病毒毒病，通过无性繁殖传播。由于病毒病为全株性侵染，一旦感染病毒，寄主植物和各个部位都会带毒，如块茎、球茎、鳞茎、块根、走茎、插条、接穗、接芽、苗木等均可传播病毒病。

（4）土壤传染。土壤传染实际是土壤生物与寄主植物间的接触传染，主要有两种，一是土壤中的线虫、真菌传播，二是土壤中带病毒的有机物传播。

5. 防治方法

（1）选用抗病品种。选择无病母株留种，选用健株鳞茎繁殖，有条件的应设立无病毒原种繁育圃，发现病株及时拔除，有病株的鳞茎不得用于繁殖。

（2）防止接触传染。不要用手或工具接触植株，以减少病毒传染的机会。

（3）消灭传毒昆虫。

①防治好蚜虫就可基本控制好病毒病。一般可用10%蚜虱净可湿性粉剂2 500倍液或2.5%敌杀死可湿性粉剂2 500～3 000倍液防治。尤其是在温度高、空气干燥的情况下要注意防治蚜虫。

②百合生长期及时喷洒10%吡虫啉可湿性粉剂1 500倍液或50%抗蚜威超微可湿性粉剂2 000倍液，控制传毒蚜虫和虫蝇，减少该病传播蔓延。

③发病初期开始喷洒20%毒克星可湿性粉剂500～600倍液或0.5%抗毒剂1号水剂300～350倍液、5%菌毒清可湿性粉剂500倍液、20%病毒宁水溶性粉剂500倍液，隔7～10天一次，连防3次。

④及时处理病株：病毒病发生严重的植株必须及时拔除，集中烧毁。

⑤加强管理施肥促长：对轻度感染、尚能开花的植株要加强管理，增施磷、钾肥，增强抗病能力。

⑥行间盖草保湿防旱：在高温、太阳辐射强烈、空气干燥、土壤干燥的情况下，会有利于病毒病的发生。在种植田地的行间盖草可以保温，减少土壤水分蒸发，降低土壤温度和植株丛间温度，减轻病毒病的发生。一般亩用干稻草400千克，在苗期土壤不干不湿时铺于行间。

⑦种植作物遮阳：设施内可铺设65%～75%的遮阳网，露地栽培可在畦边栽种丝瓜、菜豆等高秆作物遮阳。干旱时注意抗

旱防旱。

(四) 百合根线虫

百合根线虫是危害百合花的常见害虫之一。根腐线虫和草地线虫是以损伤百合根为主的线虫，以前者危害更严重，分布也较广泛。根腐线虫属线虫纲，根腐线虫属。

1. 症状

危害初期，部分叶片出现过早黄化，植株严重矮化，特别是早期受害，表现更为严重。发病后期，病株常被腐生真菌和节肢动物等破坏，可加重根系损伤或腐烂，导致植株不能正常生长发育，乃至死亡。在病部边缘可镜检到线虫。

2. 发生规律

病原线虫在病株根残体内或土壤中生存，借助受害鳞茎的根残段及整地时土壤的移动而传播。其寄主范围很广，轮作对控制病害发生发展无效。

3. 防治方法

(1) 用杀线虫剂进行土壤熏蒸处理：可选用100%垄鑫微粒剂，每平方米用25克撒施或沟施，混入20厘米深土壤中，施药后即覆土，并覆盖薄膜，保湿熏蒸10天左右。揭膜松土放气1周后再种植，可减少土壤中根蚀线虫的密度。

(2) 种植前剔除感病鳞茎或进行药剂浸泡处理，发现病株尽量铲除或剪去病根。

(3) 受害较轻的百合鳞茎用40℃热水处理2小时，可防治根部线虫。

(五) 生理性病害

1. 叶片焦枯

(1) 症状。刚刚现蕾时顶部叶片皱缩，不能正常舒展，继而叶尖干枯坏死；轻微时幼叶稍向内卷曲。数天之后，焦枯的叶片上出现黄色到白色的斑点。若叶片焦枯较轻，植株还可继续正常生长，但若叶片焦枯很严重，白色斑点可转变成褐色，伤害发生处，叶片弯曲。在很严重的情况下，所有的叶片和幼芽都会脱落，植株不会进一步发育。

（2）发病原因。主要是植株缺钙引起，另外与品种本身的生理特性、种球的规格及敏感时节种植有关，一般来讲大规格种球比小规格种球易发病；种植环境不良，如温室温度高、湿度大，棚内雾化时间过长，空气流通性差，都容易发生叶烧现象。

（3）防治方法。

①选择不易发病的品种和较小规格的种球。

②采用冷库生根催芽。

③种植前应让土壤湿润；种植深度要适宜，在鳞茎上方应有6～10厘米的土层；避免温室中的温度和相对湿度有大的差异，尽量保持相对湿度在75%左右。

④发病初期追施或叶面喷施钙肥；严重的可用药物处理，常用药有杀菌优＋杀毒矾＋链霉素。

2. 落蕾干缩

（1）症状。在花蕾长到1～2厘米时会出现落蕾。蕾的颜色转为淡绿色，同时，与茎相连的花梗缩短，随后蕾脱落。在春季，低位蕾首先受影响；而在秋季，高位蕾首先脱落。

（2）防治方法。不要将易落蕾的品种栽培在光照差的环境下。为防止蕾干缩，在栽培期间鳞茎不能干燥。确保鳞茎的根系良好并让它们生长在尽可能适宜的条件下，尤其要注意光照强度和水分蒸腾的情况。

3. 冬季落叶、黄叶现象

（1）原因。冬季一般在温室里生产百合，温室内部蒸发量较小，空气流通差，且棚内空气相对湿度和土壤湿度大，地温相对较低，昼夜温差波动大。种植密度大或根系受到损伤均有可能造成百合的落叶、黄叶。

（2）防治方法。尽可能提高地温和空气温度，适时放风，或温室内安装循环风扇，增强空气流通；减少种植密度，避免百合根系和植株受到损伤。

4. 花苞畸形

（1）种植环境的影响。温度变化过大容易造成花苞畸形，解决的方法是尽量保持棚内温度适应切花的生长，不发生剧烈的变化。另外长时间高温或低温也非常容易造成畸形，必须保证温度不低于10℃，不高于30℃。

（2）缺素。如生长过程中缺乏钙、硼元素，易发生花苞畸形现象。在百合的整个生长过程中都可能忽视钙肥的施用，最有效的方法是在整个生长期间，间歇性喷施螯合钙（缺钙简单判断方法：缺钙症状首先表现在新叶上，典型症状是幼嫩叶片的叶尖和叶缘坏死，然后是叶芽坏死，根尖也会停止生长、变色和死亡；植株矮小，有暗色皱叶）。

（3）种球本身原因。从种球收获后的处理、储存到种植的过程中某一个环节均有可能出现问题，但目前还不能明确是在哪个环节，且这种原因造成的畸形到目前为止尚无法解决。

十二、主要虫害防治

（一）蚜虫

1. 形态特征及发生规律

蚜虫又名腻虫、密虫，一年四季均有发生，蚜虫的种类很多，通常有绿、黄、黑、茶色之别，它们聚集在植株的芽、嫩叶或嫩枝上，吮吸汁液，危害芽心和花瓣。被害的植株枝叶发黄变形，花蕾败坏，花期缩短，严重时会使植株萎蔫死亡。

蚜虫的繁殖力很强，1年能繁殖10～30个世代，世代重叠现象突出。当5天的平均气温稳定上升到12℃以上时，便开始繁殖。在气温较低的早春和晚秋，完成1个世代需10天，在夏季温暖条件下，只需 4～5 天。它以卵在花椒树、石榴树等枝条上越冬，也可保护地内以成虫越冬。气温为 16～22℃时最适宜蚜虫繁育，干旱或植株密度过大有利于蚜虫为害。

许多蚜虫会发生周期性的孤雌生殖。在春季和夏季，蚜虫群中大多数或全部为雌性，这是因为过冬后所孵化的卵多为雌性。这时生殖方式为典型的孤雌生殖和卵胎生。这样的生殖循环一直持续到整个夏季，20～40 天能够繁殖多代。因此，一只雌虫在春季孵化后可以产生数以亿计的蚜虫。到了秋天，蚜虫开始进行有性生殖和卵生。在温暖的环境中，例如在热带或在温室中，蚜虫可以数年一直进行无性生殖。

2. 防治方法

（1）用鲜辣椒或干红辣椒 50 克，加水 30～50 克，煮半小时左右，用其滤液喷洒受害植物，效果显著。

（2）用洗衣粉 3～4 克，加水 100 克，搅拌成溶液后，连续喷 2～3 次，防治效果达 100%。

（3）化学防治：用吡虫啉可湿性粉剂系列产品 1 000～1 500 倍液喷雾，25%的抗蚜威超微可湿性粉剂 3 000 倍液喷雾防治。有的种类对吡虫啉和啶虫脒产生抗药性的麦区不宜单一使用药剂，可与低毒有机磷农药合理混配喷施。

（二）百合刺足根螨

1. 形态特征及发生规律

百合刺足根螨，拉丁学名为 *Rhizoglyhus echinopus*，属蜱螨目粉螨科。别名球根粉螨、葱螨，主要为害百合、郁金香、水仙、菖兰、葱兰、风信子、苏铁等花卉。是为害百合鳞茎主要害虫之一，以若虫、成虫为害百合鳞茎。鳞茎被害后，植株矮小发黄，受害重的鳞茎全部变褐色，腐烂发臭，是球根花卉的重要害虫。该螨是以成、若螨刺吸球根鳞片及块根为害，当鳞片腐烂便集中于腐烂处取食，会有汁液流出的现象，造成组织坏死，表面变褐腐烂，肉质鳞片干缩，破裂成似木栓化的碎片，导致地上部植株矮小、瘦弱，花为畸形，且小，严重影响花卉的观赏价值。

雌螨成虫体长 0.58～0.87 毫米，卵圆形，白色发亮。螯肢和附肢浅褐色；前足体板近长方形；后缘不平直；基节上毛粗大，马刀形。格氏器官末端分叉。足短粗，跗节Ⅰ、Ⅱ有一根背毛呈圆锥形刺状。雄螨体长 0.57～0.8 毫米。体色和特征相似于雌螨，阳茎呈圆筒形。跗节爪大而粗，基部有一根圆锥形刺。卵长 0.2 毫米，椭圆形，乳白色半透明。若螨体长 0.2～0.3 毫米，体形与成螨相似，颚体和足色浅，胴体呈白色。

该螨年发生 9～18 代，主要是以成螨在病部及土壤中越冬，尤其是腐烂的鳞茎残瓣中最多，两性生殖。该螨喜高温高湿的环境，在适宜的条件下繁殖快。雌螨交配后 1～3 天开始产卵，卵期 3～5 天。1 龄和 3 龄若螨期，遇到不适条件时，出现体形变小的个体。若螨和成螨开始多在块根周围活动为害，当鳞茎腐烂便集中于腐烂处取食。该螨既有寄生性也有腐生性，有很强的携带腐烂病菌和镰刀菌的能力。高温和干旱对其生存繁殖不利。在 16～26℃和高湿下活动最强，造成的伤口为真菌、细菌和其他有害生物侵入提供了条件。

2. 防治方法

（1）加强栽培管理，高温季节深耕暴晒，消灭大量根螨，栽种前对土壤严格消毒。

（2）不宜连作，可减少虫源。

（3）种植前可对鳞茎进行挑选，选择无虫的鳞茎种植。在储藏百合时室内要保证通风干燥，这样可以抑制根螨的生长和繁殖。

（4）对鳞茎进行消毒，可用 50%乙酯杀螨醇乳油 1 000 倍液喷注鳞茎，或将被害鳞茎放在 20%三氯杀螨醇乳油 1 000 倍溶液或 20%丁氟螨酯悬浮剂 2 000 倍液中浸泡 30 分钟，取出冲洗干净，阴干后使用。

（三）韭菜根蛆

1. 形态特征及发生规律

温室和露地均可发生韭菜根蛆，如防治不好可造成严重减产。韭蛆幼虫钻食百合地下鳞茎部分，其表现症状：地上叶片瘦弱、枯黄、萎蔫断叶，幼虫常聚集在根部鳞茎里引起腐烂，严重时可造成百合成片死亡，损失很大。

韭蛆一般以幼虫在百合地下鳞茎周围 3～4 厘米深的土中或鳞茎内休眠越冬，翌年 3 月当百合开始萌芽生长时，幼虫开始活动取食，3 月下旬到 5 月中旬大部分越冬幼虫移至地表 1～2 厘米处化蛹，4～5 月中旬羽化为成虫大量繁殖，一般在 4～5 月是为害盛期，7～8 月因气温高及植株老化为害减弱，到 9 月下旬由于环境适宜韭蛆又继续为害，12 月至翌年 2 月为温室百合严重为害期。

2. 防治方法

（1）科学施肥。不施用未经堆沤腐熟的有机肥或饼肥。施用腐熟的肥料要开沟深施后覆土，防止成虫产卵。

（2）清除韭蛆繁殖场所。韭蛆对葱蒜类气味较敏感，喜食腐败的东西，并在其上产卵，要及时清理菜畦里的残枝枯叶及杂草，降低幼虫孵化率和成虫羽化率。

（3）草木灰防治。覆土前沟施草木灰后再覆土盖严，施草木灰后可根据情况尽量晚浇水，以保土壤不致过湿。此法防治效果很好，草木灰还是一种好肥料，能促进百合生长。

（4）糖醋液诱杀。利用韭蛆对这些气味的敏感性，用此法诱杀。方法是：糖、醋、酒和 90％敌百虫晶体按 3∶1∶10∶0.1 的比例，先将糖用水溶化后加醋、酒和农药即可，一般每 30 平方米放一诱杀盒，每 5～7 天更换一次诱杀液，每隔 1 日加 1 次醋。

（5）药剂防治：百合种球定植前，可用 50％辛硫磷乳油

1 000倍液浸根杀灭幼虫。幼虫发生初期用 50%辛硫鳞乳油 800～1 000 倍液灌根，10 天后再灌 1 次，成虫盛发期在上午 9～11 时叶片喷 60%敌百虫可溶性粉剂 1 000 倍液或 50%辛硫鳞乳油 800 倍液，扣棚后也可用以上方法除治。

十三、切花采收、加工、冷藏和运输

（一）采收时机

为了使最终的消费者能够得到满意的产品，在百合足够成熟并没有过分成熟时进行采收至关重要。对于 5 个花苞以下的花茎，至少有 1 个花苞开始着色才能采收。采收过早，会导致将来花的颜色变浅，有些花苞不能开放。采收的过迟，花苞已开放，会引起在采后处理以及运输时的问题，如花粉造成的污点、花瓣损伤及开放的花苞会释放出乙烯气体催化成熟等，使切花保鲜期大大缩短，影响销售。如果有必要，可将开放的花苞剪掉。

采收的时机与运输距离和采收季节也有一定关系，运输距离远可适当早一点采收，运输距离近可晚一点采收；夏季高温季节可早一点采收，冬季低温季节可适当晚一点采收，准确的时机还需在生产实践中自行掌握。

最好是在清晨进行百合采收，以减少植株的干燥，采收后在温室中放置的时间应严格控制在 30 分钟以内。

（二）采后处理

采收后应直接按照花蕾数、花蕾大小、茎的长度和坚硬度以及叶子与花蕾的形状进行分级，分级标准见表 1-3，然后把百合捆绑成束。采收的百合如果不能立即分组与成束，也可在采收后将花立刻放在温度设置为 2～3℃ 的冷库中。当植株的温度也降至 2～3℃ 时，再拿出来进行分级。捆扎时摘掉黄叶、伤叶和茎基部 10 厘米的叶子，以 10 厘米为一个等级，10 支扎成一束。

最长枝与最短枝不超过5厘米，花顶部对齐，套上专用的塑料袋，茎末端切齐并放入水中。捆扎后的百合应立即放入清洁的、预先冷却的水中，再放进冷藏室，水和冷藏室的温度控制在2～3℃。如果外界的温度较高，建议使用预冷过的水来放置百合，以防止植株成熟得过快。在2～3℃的条件下进行处理最少2小时或最多48小时。如果无法持续处理4个小时，则应至少维持2个小时，这对以后植株在运输途中质量的保持是有好处的，而且可降低对乙烯的敏感程度。冷库中存放切花的水要始终保持清洁，一旦变浑浊应立即更换。

虽然当百合吸足水分后，可不必放入水中在冷库储藏，但若能放在干净的水中保存效果更佳。切花在冷库中放置的时间越短越好。最佳储藏切花百合的温度是1～2℃（建议2～3℃是为了避免因为制冷设备差，温度低于0℃而造成冻害）。

表1-3　东方百合切花分级标准

级别	A级	B级	C级
花蕾数	花蕾数目≥4朵	花蕾数目3朵	花蕾数目≤3朵
花蕾长	花蕾长≥10.5厘米	花蕾长≥8.5厘米	花蕾长≥7.5厘米
花蕾观赏性	花色纯正、鲜艳具有光泽；无裂苞、无畸形苞，花苞坚硬、挺直	花色良好、花型完整；无裂苞、无畸形苞，花苞坚硬、挺直	花色一般、花型完整
茎秆长度	长度≥85厘米	长度75～85厘米	长度75厘米以下
茎秆观赏性	挺直、强健，有韧性，直径1厘米以上，粗细均匀一致	挺直、强健，有韧性，粗细较均匀	略有弯曲，较细弱，粗细不均匀
叶	叶片健康，无斑点、无病虫害、无损伤，亮绿具光泽、完好整齐	叶色无斑点、无损伤，亮绿具光泽、完好整齐	有轻度损伤或缺叶，光泽度一般

注意，如果在30℃以上采收并且立即储藏在2～3℃的冷藏室中，有些品种像皇族会在花瓣的外围出现褐色斑点。在这种情况下，储藏温度应至少控制在4℃以上。

（三）运输

在运输前，将百合装入四周有孔的箱子中，以防止开放的花所产生的乙烯气体的积累。乙烯气体会加速植株的成熟，使花苞下垂、脱落，并缩短切花的瓶插期。

在装箱时注意茎应保持干燥，这是为了防止真菌的生长。运输时也应在低温下进行，最好是冷藏车（温度设定在2～3℃），这样可防止花苞的发育以及乙烯气体所带来的影响。

当百合到达批发商或零售商手里，要将茎基部再次切除5厘米左右，放入清水并置于2～5℃条件下存放。

第二章 郁金香切花标准化栽培技术

郁金香（*Tulipa* L.）别名洋荷花、草麝香，为百合科郁金香属多年生球根植物。全世界约 150 种，主要分布于亚洲、欧洲及北非，其中以地中海及中亚地区为最丰富。中国共有野生郁金香属植物 17 种，主要分布于新疆西北部、内蒙古西部及中东部地区。其花色艳丽，花形优雅，具有很高的观赏价值，被誉为“世界花后”。

一、品种选择

根据当地气候条件和市场需求，选择性状优良、抗逆性较强、耐密植、丰产、株高 50 厘米以上的切花品种。推荐主栽品种为：世界真爱（World's Favorite）、法国之光（Ile de France）、班雅（Banja Luka）、阿芙珂（Aafke）、爱斯基摩首领（Eskimo Chief）、阿普顿（Apeldoorn）、检阅（Parade）、金阿普顿（Golden Apeldoorn）、琳玛克（Leen van der Mark）、克斯奈丽斯（Kees Nelis）。

二、繁殖方法

（一）分球繁殖

分球繁殖以分离小鳞茎为主，9～10 月分球栽植，母球在花后鳞茎基部会发育成 1～2 个较大的新鳞茎和 2～3 个小子球。新球与子球的膨大常在开花后一个月内完成。于 6 月上旬将休眠鳞茎挖起，大球贮藏于干燥、通风、20～22℃的条件下储存，有利于鳞茎花芽分化。秋季 9～10 月栽种，栽植前需对种球进行浸泡消毒，栽培地施入充足的腐叶土和适量的磷、钾肥。植球后覆土 5～7 厘米即可。

（二）种子繁殖

郁金香开花后 6 月份果实成熟，剪下阴干，取出种子后储存，9～10 月份进行播种。选择疏松的沙壤土，先浇透水，将种子均匀撒在土面上，覆盖一层薄薄的细沙土，将种子盖住即可，加设覆盖物保持土壤湿润，3 月初除去覆盖物，待种子发芽，发芽后定期浇水，6 月份叶片植株枯黄后将种球挖出，秋后再种，4～5 年后可得到开花球。

三、种球选择与消毒

选择经 5℃低温处理的进口种球，Ⅰ级球（直径 3.5 厘米以上）和Ⅱ级球（直径 3～3.5 厘米）均可。种球新鲜饱满、表皮光滑有光泽、鳞片完整、质地坚硬、无损伤、无病虫害。种皮自然开裂的种球不需去皮，种皮完好的种球栽植前先去除鳞茎盘上的种皮，但不能损伤鳞茎盘。

种植前进行种球消毒，用 70％甲基硫菌灵可湿性粉剂 100 倍液＋50％氟啶胺悬浮剂 60 倍液＋45％咪酰胺水乳剂 80 倍液＋50％克菌丹可湿性粉剂 200 倍液＋10％吡虫啉可湿性粉剂 500 倍液，浸泡 2 小时，种球须完全浸泡在消毒液中。消毒后沥干水分晾干待用，当天消毒当天种植。

四、土壤选择与处理

选择土壤疏松、有机质含量高的中性和微酸性沙质壤土，黏重土壤可混入清洁的河沙，pH 为 6.5～7。每亩腐熟牛粪施入 800～850 千克作为底肥，再用 100%垄鑫微粒剂 20～25 千克进行土壤消毒，耕翻拌匀使土壤与药剂充分混合，密闭消毒时间为 2～4 周。消毒完成后翻耕土壤 1～2 次，通风换气 10～15 天。畦面宽 90 厘米，畦埂宽 30 厘米，畦埂比畦面高 5～10 厘米。

五、种球栽植

选用直径 3.5 厘米以上的Ⅰ级球时，株行距为 7 厘米×15 厘米，每亩栽植 42 000 粒左右；直径为 3～3.5 厘米的Ⅱ级球时，株行距为 5 厘米×15 厘米，每亩栽植 59 000 粒左右。覆土 4～5 厘米，栽植后立即浇透水。

六、肥料施用

鳞茎萌芽后每 10 天施入 $N:P_2O_5:K_2O=10:20:20$ 的水溶性复合肥 10 千克/亩，连施 2～3 次，蕾期每隔 1 周叶面喷施 1 次 0.2%磷酸二氢钾溶液，连喷 3 次。

七、温度控制

生长初期温度控制在 5～8℃，定植后的生根期温度控制在 9～10℃，萌芽期及展叶期温度控制在 13～15℃，当叶片完全伸展后温度应保持在 15℃左右为宜，最高不要超过 18℃，温度过高容易引起盲花，降低开花率。

八、光照控制

温室栽培中光照十分重要，阳光充足可以使叶片肥厚、精干粗壮，光线过强会使花期缩短。生长过程中要进行遮阴处理，光强保持在 20 000～30 000 勒克斯，日照长度要保持在 8 小时以上，若遇连阴天需要补光。

九、水分控制

种球栽植前浇一次透水，以保证定植期间土壤湿润。种球栽植后浇 1 次透水，使种球与土壤充分接触，以利于生根。温室内的相对湿度要低于 80%。萌芽期及营养生长初期每 7 天浇水 1 次，叶片展开后浇水量逐渐增加，一般 3～4 天浇水 1 次，形成花蕾后适当控制水量。一般于上午浇水，浇水后立即通风，以降低植株间的相对湿度。

十、主要病虫害防治

（一）药剂防治

1. 病毒病

（1）感病症状。叶片上有花叶状斑纹或褪绿条斑，花瓣上出现深色斑点。叶生花叶状斑纹及褪绿条斑，有时产生坏死斑，花瓣产生深色斑点。

（2）防治方法。遇到感染病毒病的植株应立即拔除，并进行销毁或远距离深埋处理；减少人为机械损伤，防止病毒通过汁液传播。

2. 基腐病

（1）感病症状。茎叶发黄、根系少、部分根系腐烂，根部土壤变成褐色，发病后期整个植株全部凋萎。

（2）防治方法。栽植前种球浸泡于 70%甲基硫菌灵可湿性粉剂 100 倍液+45%咪酰胺水乳剂 80 倍液或 50%多菌灵可湿性粉剂 100 倍液的消毒液中，浸泡时间为 2 小时，生长期发病后用

30%恶霉灵水剂 600～700 倍液直接灌根。

3. 灰霉病

（1）感病症状。鳞茎外鳞片上出现灰色和暗褐色凹斑，严重时扩大变为黄褐色或深褐色，鳞茎腐烂，植株矮化，花瓣部分产生褐色斑点，花枯萎。

（2）防治方法。栽植前将种球浸泡于 50%氟啶胺悬浮剂 60 倍液+50%克菌丹可湿性粉剂 200 倍液的消毒液中，浸泡时间为 2 小时；营养期避免氮肥过量，保持通风透光；生长期发病可用 40%施加乐悬浮剂 1 200 倍液、25%阿米西达悬浮液 1 500 倍液或 50%灭霉灵可湿性粉剂 800 倍液进行叶面喷施。

4. 青霉病

（1）感病症状。鳞茎表层覆盖绿色霉层，严重时里层鳞片亦受危害。

（2）防治方法。50%多菌灵可湿性粉剂 1 000 倍液浸泡种球 30 分钟。

5. 蚜虫

（1）发生症状。群聚新叶、嫩梢等处吸吮汁液，并可传播病毒病。

（2）防治方法。可用 10%吡虫啉可湿性粉剂 1 500 倍液或 1.2%阿维菌素乳油 1 500 倍液喷雾，并避免棚内温度过高。

6. 潜叶蝇

（1）发生症状。叶片上布满不规则灰白色线状蛀道。

（2）防治方法。可用 1.2%阿维菌素乳油 2 000 倍液或 20%斑潜净微乳剂 1 500 倍液。

7. 蓟马

（1）发生症状。体小、细长、黑褐色，危害花、茎、叶、嫩梢等处。受害后出现银灰色条形或片状斑纹，叶面卷缩或枯黄。

（2）防治方法。可用 20%毒・啶乳油 1 500 倍液与 10%吡虫啉可湿性粉剂 1 000 倍液交替使用，或 35%硫丹乳油 700 倍液进行叶面喷雾。

8. 刺足根螨

（1）发生症状。乳白色，洋梨形，喜潮湿，在16～26℃和高湿下活动最强。受害鳞茎的外表皮变硬并呈巧克力色，肉质鳞片干缩，破裂成似木栓化的碎片。

（2）防治方法。可用25%乙酯杀螨醇乳油1 000倍液或2%甲氨基阿维菌素苯甲酸盐（威克达）乳油800倍液灌根。

（二）物理防治

在种球栽植前要进行严格筛选，淘汰带病的鳞茎，严格做好土壤的消毒；植株生长期加强管理，保持土壤湿度70%，温室内温度15℃左右，加强温室内通风透光，随时检查、挖除并销毁病株；蚜虫可使用黄板诱杀，蓟马可使用蓝板诱杀；蛾类可使用诱捕灯进行诱杀。

十一、切花采收、加工、冷藏和运输

（一）采收

露色后为最佳采收时期。一般于清晨7～8时或下午17时左右进行采收。选择花朵良好、花蕾无畸形、茎秆健壮的植株，采收时将植株连球根一同拔起，采收后将球根剪掉。

（二）加工

1. 分级

采收后按照花枝长度、花朵质量和大小、开放程度、花序上小花数目、叶片状况等进行分级。一级品，花蕾无畸形、无病虫害、无药斑、花瓣无损伤残缺，整体外观平衡度好。花枝长度55厘米以上；二级品，花枝长度50厘米以上，其他同一级品；三级品，花枝长度45以上，其他同一级品。

2. 包装

从花茎基部切断，按花茎长短进行分选，花头对齐，10 枝一束，进行捆扎包装，捆扎位置应在花茎下部 1/3 处。捆束后放入 2℃冷库中充分吸水 30～60 分钟后装箱。装箱时水平放置，花蕾前部要与箱壁保持 5 厘米距离。

3. 冷藏和运输

装箱后需放入温度 2℃、相对湿度 90%的冷库中储存待售。在储运过程中轻拿轻放，尽量减少机械损伤，运输的工具主要是冷藏卡车或集装箱，运输过程中要保持稳定的冷凉环境，温度要求在 2～5℃，空气相对湿度保持在 85%～95%。同时注意保持空气循环及通风。近距离运输可以采用湿运（即将切花的茎基用湿棉球包扎或直接浸入盛有水或保鲜液的桶内），或采用薄膜覆盖保湿。

第三章　玫瑰切花标准化栽培技术

玫瑰（Rosa rugosa）实际上是中国分类学上所说的“杂交茶香月季”的统称，是蔷薇科蔷薇属多年生常绿木本植物，又称月月红，原产于中国。玫瑰象征着美丽和爱情，被称为“花中皇后”，与菊花、香石竹、唐菖蒲一起被称为“世界四大切花”。每年 2 月 14 日西方国家的情人节和中国传统节日“七夕节”（中国情人节）是玫瑰销售的高峰。

一、品种的选择

根据气候类型、市场需要、设施状况、资金情况和种植规模等客观因素，种植者需慎重选择品种，合理搭配颜色比例，以取得最佳的经济效益。目前我国应用的切花玫瑰品种有上百个，其中波塞你那、粉红女郎、流星雨、狂欢泡泡、卡罗拉、雪山、蜜桃雪山、粉红雪山、粉佳人、海洋之歌等品种栽培面积较大，同时还可以从国外直接进口新品种，选择的余地较大，所以对这方面的工作要给予足够的重视。比如出口生产：对俄罗斯可以较单一地选择红色大花型的品种，对日本和东南亚国家要选择中小花型的品种，颜色以淡雅为主，而且品种要多些；内销生产：北方红色品种占 40%～50%，南方则要适当增加淡雅颜色品种的比例。

二、种苗繁育

采用嫩枝单节全光喷雾扦插技术，最好在温室或冷棚中进行。以70%的草炭加30%的珍珠岩或蛭石作为基质，装入8厘米×8厘米的营养钵中，以500毫克/千克萘乙酸或1 000毫克/千克吲哚丁酸作为生根剂，采用速蘸的方式进行扦插。选用花蕾初放阶段的枝条，应用具有5小叶的部分剪取插穗，穗长5～6厘米，每个营养钵插1个插穗，扦插深度4～5厘米。扦插后浇1次透水，之后保持叶片表面水分蒸发后即喷雾，严格防止叶片萎蔫。温度要保持在白天25℃以上，夜间15℃以上，温度超过30℃时可以遮光50%，减少喷雾次数。生根超过3厘米后，逐渐降低喷雾频率和时间进行炼苗。待叶片在全天不喷雾的情况下不萎蔫后，停止喷雾，等幼苗出现缺水症状时再浇水，叶腋长出5～6厘米新芽时就可以定植了。

三、土地的准备

1. 土壤改良

切花玫瑰最适于pH为5.6～6.5的微酸性土壤。当pH高时，可以通过施用草炭、松针土来降低；当pH低时，可以通过施用石灰来提高。施用石灰后，至少要等一周才能种植。在生长阶段可以通过施肥来调节土壤的pH。

营养充足、排水透气良好的土壤是玫瑰切花培育成功的关键。种植前要根据土壤的结构和营养状况来施用基肥，施用已发酵的有机肥能改良土壤，促进玫瑰的生长。忌施新鲜的厩肥，避免烧苗和引发虫害。

土壤改良的深度为0.5米左右。在准备做畦的位置挖一锹深一畦宽的沟，按每亩3米^{3}鸡粪、5米^{3}羊粪或牛粪的肥量向沟中施肥（也可将上述肥料适当混合后施用），再翻一锹深将粪肥与土壤混匀。之后将沟填平，再施入上述肥量的肥料，翻一锹深混匀。改植时可以用上述肥量的50%。

2. 土壤消毒

如果温室未种植过玫瑰，可以应用50%多菌灵可湿性粉剂500～600倍液、40%五氯硝基苯粉剂（剂量为3.5克/米^2）等杀菌剂和50%辛硫磷乳油1 000～1 500倍液、20%甲基异柳磷乳油2 000倍液等杀虫剂进行简单的土壤消毒。

如果温室长期进行玫瑰生产或发现过线虫和根瘤，就需要进行严格的土壤消毒。通过施用垄鑫、威百亩等土壤消毒剂，利用毒气在土壤中的扩散来杀死土壤中的病原菌、害虫和杂草种子。为了使气体在土壤中充分扩散，消毒前进行土壤翻耕，疏松土壤的结构。施药后要用塑料薄膜覆盖地面，保持地温并达到药剂要求的消毒天数。消毒后要翻耕土壤，待残药排尽后再定植，以免造成药害。为避免土壤受二次感染，农家肥一定要在消毒前施入。因为上述土壤消毒剂具有灭生性的特点，所以生物药肥要在残药排尽后施用。

3. 整地做畦

将改良和消毒后的土地按畦面宽和步道宽各0.6～0.8米做畦。畦田东西走向和南北走向均可，要沿畦田长的方向做畦，以利于生产管理。一定要做高畦，畦高0.3～0.4米，畦面要耙平，以利于灌溉均匀。滴灌要预先装好，如果要覆地膜也要预先铺好，最好用黑色地膜。

四、种苗的定植

1. 选择种苗

选用根系发达、规格一致、无病虫害、已萌发新枝的种苗。

2. 种植密度

因玫瑰的品种和环境条件而异，目的是保证切花的质量，减少病害的发生。植株高大的品种可种植得稀些，而植株矮小的品种可种植得密些。阳光充足、空气干燥的地区要种植得密些；在阴天较多、空气潮湿的环境要适当稀植。每畦栽两行，行距0.3～0.4米，株距0.2～0.3米。

3. 种苗定植

全年都可以定植，但以春季较好。因为定植后幼苗迅速生长，植株进入采花期早，当年冬季切花产量高，生产见效快。一畦上两行要相间种植，以利于植株生长。一栋温室尽可能栽种一个品种，以便有针对性地管理和预防病害交叉感染。

五、植株的修剪

1. 幼苗期的修剪

目的是培养产花主枝。将长出的花蕾在透色后摘掉，把达到40厘米的枝条从基部弯折，使之成为营养枝，注意最好不要扭伤表皮。如果枝条的长度不够，待达到长度后再弯折。经过3个月左右的培养，营养枝达到3枝以上，新生枝达到切花标准即可采花。第一次采花要注意留茬高度，一般15～20厘米，粗枝留得高些，细枝留的矮些，留下的枝条即为产花主枝。除赶上“情人节”等花价高的情况外，一般不要提前采花，否则会影响后期的产量。如果提前采花，之后要继续培养营养枝和产花主枝。

2. 生产期的修剪

生产期要及时抹去切花枝的侧芽。第二、第三次采花时，至少要保留2～3片五小叶，继续培养产花主枝。之后采花至少要留1片五小叶，确保侧枝萌发。产花主枝的多少要根据品种和种植密度而定，一般每株留3～5个产花主枝。在产花期要将达不到切花标准的枝条继续弯折为营养枝。

3. 调整期的修剪

在植株超高、长势减弱或调整花期的情况下，要对植株进行调整修剪。不要采取剪去大部分枝条的做法，那样容易造成植株生理严重失调，根部萎缩，基部新芽生长缓慢，甚至植株死亡。而应在50厘米左右高度弯折枝条，将枝条过长部分剪掉，使其成为营养枝，从而最大限度地保留叶片数量。

六、肥料的施用

科学的施肥方法应该根据植物的吸收量和土壤的养分含量以及肥料的利用率来确定全年的施肥总量，然后再制订基肥和追肥的用量及施肥次数，并且定期对玫瑰叶片和土壤进行营养分析，以便有针对性地施肥。

1. 基肥的施用

见“土壤改良”。

2. 追肥

采用“薄肥多施”的原则，一般采用化肥，大量元素通过滴灌系统每次浇水时施用，微量元素通过叶面喷雾定期施用。一般每亩温室每年施用纯氮40～50千克，纯磷25～40千克，纯钾25～40千克，可以采用尿素、硝酸钾、磷酸二氢钾、磷酸二铵和硫酸镁等肥料调配施用。幼苗恢复生长后就要开始追肥，开始用肥量要少，随着植株的生长逐渐增加用量。切花采收后新的花枝萌发出来时，要增施氮肥和钾肥；花枝现蕾后要增施磷肥和钾肥；休眠期停止施肥。发现缺素症要及时施肥救治。缺素症表现见表3-1。

表3-1　玫瑰缺素症状

名　称	缺　素　症　状
氮	枝条纤细，节间变短，剪枝后侧枝生长不良，盲花增多；老叶初期呈黄绿色，接着黄化脱落，幼叶变小；花色变浅

（续）

名称	缺素症状
磷	植株矮小，老叶失去光泽变成暗绿色或灰绿色，最后脱落，有些品种叶脉产生紫色素；同时根系的发育受阻，花蕾发育迟缓，花瓣减少并变褐色，切花产量降低
钾	新梢的节间缩短，上部茎叶呈浓绿色，花蕾变小、变形；长期缺钾时，下部的老叶周缘黄化、褐变、坏死和脱绿，并发生花芽败育现象
铁	首先幼叶出现明显脱绿，只有叶脉呈绿色；严重时叶片变白，侧枝生长不良、细弱
锰	叶脉之间产生淡黄色或黄色脱绿现象，只有叶脉残留一些绿色；侧枝的生长不良，易造成花芽败育
铜	幼叶先端黄化、卷曲，不久死亡；生长点枯死，从与之相邻的侧芽萌发出1个小侧枝
锌	生长点坏死后，侧芽萌发出短小的侧枝，呈现莲座状
硼	叶片变形，黄、白花品种的花瓣边缘卷曲褐变；生长点坏死，与之相邻的侧芽萌发后生长点也坏死，从而产生很多短小的侧枝
镁	从下部老叶开始，叶脉之间出现斑点性脱绿，不久变成大型暗褐色或紫色枯死斑，最后扩展到全叶
钙	枝条和根系短粗脆硬，变黑枯死；老叶灰绿色，叶缘下垂，幼叶卷曲
钠	老叶块状变黄，后变紫至枯死
硫	叶片先端变黄，而后全部变黄
钼	叶边缘变褐枯萎，叶面有时有紫色斑点

七、温度的控制

玫瑰的生长适温为：昼温20～25℃，夜温12～15℃。较高的温度能增加切花的产量，缩短到花日数，但同时也会造成花枝长度降低，花瓣短而少，花朵小而露芯，降低切花的品质。较低的温度能增加花枝长度，使花瓣长而多，花朵大且花杯高，提高切花的品质，但同时也会造成切花的产量降低，到花日数延长。

冬季生产为了提高夜温，节约能源，降低成本，可以将昼温提高到35℃。

降温可以通过遮阴、通风、喷水、湿帘和地下管道通冷水来实现（地下管道在畦下45厘米深处，每畦4～5根）；升温可以通过暖气、热风炉、增施有机肥、铺设黑色地膜和地下管道中通热水来实现。

八、光照的控制

玫瑰为中性植物，叶片的光饱和点为35 000～50 000勒克斯，光补偿点为10 000勒克斯。光照过强将造成玫瑰的枝条变短，花色变浅；光照不足则会使玫瑰的枝条细弱，产生盲花。在夏天可以采取适当的遮阴措施，为玫瑰遮去30％～50％的光照，以降低温室内的温度，改善花色和增长花枝，保证切花的品质。在冬天要保持温室的玻璃或塑料薄膜清洁，在保证温室内温度的前提下，提早揭去和推迟放下温室防寒物，使植株充分吸收阳光。按每5.6瓦/米^{2}用高压钠灯或日光灯补光，可以提高切花的产量和品质，但由于成本较高，除高纬度地区外，生产上很少采用。

九、水分的控制

玫瑰是喜水作物，土壤缺水会影响切花的产量和品质，土壤水分过多又会造成根系因通气不足而影响发育。玫瑰适合的EC值为0.25～0.75西门子/厘米，土壤水分张力pF为1.8左右。浇水量取决于土壤的类型、气候条件和植株的生长状况，每亩温室一次浇水8吨左右。夏季3～4天浇一次水，春秋季7～8天浇一次水，冬季11～12天或更长时间浇一次水，而且冬季浇水量要降到4吨左右。浇水最好在早晨进行。定植后要尽快浇一次透水，保证幼苗尽快恢复生长。光照不足时要控制浇水量，以防止植株徒长。

灌溉系统最好采用膜下滴灌，这样既节约用水和节省人工，又能有效降低温室内的空气相对湿度。要经常检查灌溉系统供水是否均匀。

十、通风换气

温室种植玫瑰，如果通风不良就会影响植株的生长。夏天应尽可能地扩大温室内的空气流通，以降低温室内的温度，保证切花的品质。冬天为了保温，温室封闭得很严，使温室内的空气变得很污浊，因此需要通风来保持温室内的空气新鲜；通风的同时又要注意保持温室内的温度，所以一般在白天气温升高后进行，以免影响室温。当温室内的空气相对湿度很高时，必须用加热或通风的方法来降低。

十一、病虫害综合防控

在玫瑰切花的生产过程中，对病虫害的防控应该采用“预防为主”的原则，因为植株一旦发病就会降低切花的品质，影响经济效益。病虫害一旦发生，要及时施用农药救治。应选用水剂、乳油和烟剂（特别是在生长后期）农药，避免叶片被农药残渍污染而降低切花的品质。喷药时不要喷到花蕾上，如果发现叶面有药渍，采收时要喷水冲净。在玫瑰切花的生产过程中，主要有霜霉病、灰霉病、白粉病、红蜘蛛和蚜虫等病虫害发生。

（一）病虫害综合防控措施

（1）采用透光度好的玻璃或无滴膜，冬天要保持玻璃或塑料薄膜清洁，加强温室内的光照和加速升温，在保证温室内温度的前提下，提早揭去和推迟放下温室防寒物，使植株充分吸收阳光。夏天采取适当的遮阴措施，遮去30%～50%的光照，以降低温室内的温度。

（2）通过加温、通风和采用膜下滴灌（黑色地膜）技术来降低温室内的空气相对湿度。浇水要在晴天的上午小水轻浇，禁止大水漫灌，以免造成地温下降，湿度增大。

（3）在保证温度的前提下，加强通风，保持温室内的空气清洁，避免有害气体危害的发生。

（4）科学施肥，平衡植株的营养，提高抗病力。

（5）合理修剪，保持植株旺盛生长，提高抗病力。

（6）及时清除温室内的残枝、落叶和杂草，集中烧毁或深埋，消灭病源，减少传播。

（7）温室内不要栽种其他作物或玫瑰品种，以便有针对性地管理和预防病害交叉感染。

（8）利用熏蒸与喷施农药相结合的方法防控病虫害。为了防止产生抗药性，每种病虫害都要多准备几种农药，交替使用。喷施农药时要添加表面活性剂。

（9）温室通风部位安装防虫网，温室内悬挂捕虫黄、蓝板，预防和监测虫害的发生。

（二）主要病虫害及防控技术

1. 霜霉病

霜霉病被称为玫瑰的肝癌，为世界性玫瑰病害，是保护地切花玫瑰发生较重的病害之一，在全国范围内均有发生。该病传播快、危害重，植株感病后会造成叶片大量脱落、枝条干枯，严重影响切花的产量和质量。若发病初期及时救治还能补救，一旦到了后期就很难用药物控制其蔓延，叶子几天就掉光，会造成当茬切花绝收。

病原：蔷薇霜霉（*Peronospora sparsa* Berk.），属卵菌。

症状：主要侵染嫩枝嫩叶，以嫩叶为重，表皮角质化的壮枝及功能叶不受侵害。被侵染后，叶片上出现黄灰色或暗紫色水浸状不定型小病斑，呈点状分布，后扩展为灰褐色或紫褐色多角形斑，病斑部略有凹陷，其症状很像药害。潮湿时病斑背面产生白色或灰色霉层。此时，叶片上小叶开始脱落，进而叶柄脱落，枝条由下而上落叶，最终形成光杆。花蕾较大的枝条，下部叶片已成为功能叶，则由中部嫩叶向上脱落。嫩枝受害的前期症状与叶片相似，后呈黄褐色微凹陷病斑，最终形成裂痕或干枯。

传染途径：以卵孢子随病叶残体在土壤中或枝条裂痕中潜伏。卵孢子开始萌发产生孢子囊，借风、水滴、雾滴传播到寄主上，孢子囊产生游动孢子，由气孔侵入，潜育期为 7～12 天。温室内一般秋天至翌年春天发病，昼夜温差大的地区（如辽宁凌源地区）全年都可发病。温度和湿度是影响病害发生和流行的重要因子，孢子低于 5℃或高于 27℃均不萌发，萌发最适温度为10～15℃，侵入和扩展最适温度为 15～20℃，并且在空气相对湿度为 100%、叶片有水滴存在 3 小时的条件下才能侵入。孢囊梗和孢子囊的产生、游动孢子的萌发均需雨露，因此秋天和春天温室内低温、高湿、昼暖夜凉的环境有利于霜霉病的发生和流行。地势低洼、通风不良、肥水失调、光照不足、植株衰弱也有利于病害的发生。另外，植株含钙量与抗病力成正比，老叶含钙多则抗病力强，嫩叶含钙少易感病。

防控措施：

施足有机肥，在保证氮肥量的基础上，增施磷、钾、钙肥，提高植株抗病力。

剪除病枝叶，清除地面上的病落叶，集中烧毁或深埋。对有裂痕但尚能产花的枝条，如果剪除就会影响产量，可用25%瑞毒霉粥状液涂抹裂痕部杀菌。使用的工具（如剪刀）在结束一道工序后，用0.5%的高锰酸钾水溶液进行消毒，避免操作中传播病菌。

根据霜霉病的发生具有低温、高湿的特点，通过采取通风换气、加温和科学灌溉等措施，控制温室内的空气相对湿度在85%以下，防止叶面结露。

每天中午用40℃高温闷棚1小时杀菌。

定期喷施水剂或乳油农药（72.2%霜霉威水剂600倍液、25%霜霉威可湿性粉剂600倍液等，要特别注意喷洒叶片的背面和地面）、施放霜霉清烟剂或使用硫黄熏蒸器来预防病害发生。

2. 灰霉病

病原：灰葡萄孢菌（*Botrytis cinerea* Pers. ex Fr.），属半知菌类真菌。

症状：主要侵染花、叶片和嫩枝，花萼部最容易受侵染。幼蕾发病时，花托部位产生灰黑色腐烂斑，花蕾停止发育，直至病蕾腐烂枯死。花朵受侵害时，起初花瓣上出现火燎状小斑或花瓣边缘变褐色，之后迅速扩展，花瓣变褐色萎蔫腐烂，直至整个花朵褐变枯萎。叶片被侵染时呈现出淡褐色，密生灰色霉点，之后扩大腐烂。灰霉病菌也侵害剪花之后的枝端，黑色的病部可以从侵染点下沿到数厘米。在温暖潮湿的环境下，灰色霉层可以完全长满受侵染部位。

传染途径：以菌丝体或菌核潜伏于病部，产生子囊孢子，借风、水滴、雾滴传播，从伤口或衰弱器官侵入。发病适宜温度为2～21℃，最适温度为15℃。温室中空气相对湿度大时易发生，往往从衰败的组织上先发病（如凋谢的花朵、枯枝等），然后再传染到健康的部位。切花在冷藏室中极易发生此病。

防控措施：

及时清除病部，减少侵染来源，对于凋谢的花朵、枯枝应及时剪除。

通过采取通风换气、加温和科学灌溉等措施，控制温室内的空气相对湿度在85%以下，防止叶面结露。

采收切花尽可能在晴天进行，促进伤口愈合。

定期喷施水剂或乳油农药（50%扑海因乳油1 000倍液、20%灭霉清悬浮剂400倍液、40%施佳乐悬浮剂1 000倍液等，包括地面）、施放10%灰霉清烟剂400克/亩或使用硫黄熏蒸器，每个熏蒸器加硫黄粉30～40克，每亩地用6个熏蒸器，来预防病害发生。

3. 白粉病

白粉病是切花玫瑰最常见的病害，温室内全年都可发生，不过容易防治。

病原：毡毛单囊壳［*Sphaerotheca pannosa*（Wallr. ex Fr）Lev.］和蔷薇单囊壳［*Sphaerotheca rosae*（Jacz.）Z. Y. Zhao］，均属子囊菌门真菌。

症状：叶片、叶柄、花蕾及嫩梢等部位均可受害，其中幼叶最容易发病。初期受害部位出现褪绿黄斑，边缘不明显，逐渐扩大，之后产生白色粉斑，由点连成片，形成一层灰白色粉状物。嫩叶染病后叶片反卷、皱缩、变厚，有时为紫红色。叶柄及嫩梢染病时，被害部位略膨大，向反面弯曲，节间缩短，枝条变细。花蕾染病时出现畸形，开花不正常或不能开花。受害严重时叶片从边缘变褐色，逐渐脱落，嫩梢枯萎，甚至造成植株死亡。

传染途径：以菌丝体潜伏在病芽、病叶或病枝上，随植株的萌发侵染叶片和新梢。分生孢子也是重要的侵染源，可以进行初侵染和再侵染。随风传播，直接从表皮侵入或气孔侵入。气温3～33℃、空气相对湿度23%～99%条件下都可发病。分生孢子的发芽适温为17～25℃，最适宜的空气相对湿度为97%～99%。土壤中氮肥过多、钾肥不足时发病较重。通风不良和光照不足也易发病。

防控措施：

在保证氮肥的基础上，增施磷、钾肥及微肥，提高植株的抗病力。

初期病叶应及早摘除，剪除和销毁感病死亡的所有枝梢，减少侵染来源。

在保证温度的前提下，加强通风，控制空气相对湿度不致过高。

定期喷施水剂或乳油农药（43%好力克悬浮剂 3 000 倍液、400 克/升福星悬浮剂 8 000 倍液、12%腈菌唑乳油 1 000 倍液、20%粉锈宁乳油 1 000 倍液等，要特别注意喷洒叶片的背面）或使用硫黄熏蒸器来预防病害发生。

4. 红蜘蛛

红蜘蛛是切花玫瑰最常见的害虫，也是最难防治的害虫。

学名：伪棉红蜘蛛（*Tetranychus telarius*）和棉红蜘蛛（*T. urticae*）。

症状：潜藏在叶片背面，用针状口器刺吸叶片的汁液，造成叶片正反面都出现不规则的微型白点，严重时叶片黄化脱落。有时在叶片上形成蜘蛛网一样的黏丝。

生活习性：伪棉红蜘蛛的成虫整年呈红色而得名红蜘蛛，棉红蜘蛛的雌性成虫呈黄色或黄绿色，并带有黑斑。雌性成虫0.4～0.5 毫米，卵呈淡黄色。卵在适宜的条件下 4～5 天就可以孵化成幼虫，8～10 天为一个世代。伪棉红蜘蛛没有休眠性，只要温度在 9～10℃就可以连续繁殖。红蜘蛛喜欢较干燥的碱性环境，喜欢侵害不健壮的植株和老叶、病叶，不喜欢酸性环境。

防控措施：

水肥供给充足，保持植株健壮。

红蜘蛛潜藏在叶片背面，普通喷雾器很难喷到，采用高压力动力喷雾从底部往上喷，效果较好。

定期喷施水剂或乳油农药（1.2%阿维菌素乳油 1 000 倍液、

20%三氯杀螨醇乳油1 000倍、40%氧化乐果乳油2 000倍液等，要特别注意喷洒叶片的背面）、施放灭螨灵烟剂或使用硫黄熏蒸器来预防虫害发生。

5. 蚜虫

蚜虫是切花玫瑰最常见的害虫，不过容易防治。

学名：月季长管蚜虫（*Macrosiphum ibarae*）和月季绿蚜虫（*Rhodobium porosum*）。

症状：寄生在玫瑰的芽、幼叶、花蕾和花梗等部位，刺吸植物的汁液，使幼叶卷曲，受害部位流糖，植株生长缓慢，并可诱发煤污病，严重降低切花的品质。

生活习性：繁殖极快，在自然条件下年发生10～20代，冬季在温室内可继续繁殖为害。气候干燥、温度在20℃左右最有利于虫害发生。

防治措施：喷施水剂或乳油农药（50%敌敌畏乳油2 000倍液、40%氧化乐果乳油2 000倍液、90%灭多威可湿性粉剂3 000倍液等）或施放灭蚜灵烟剂每次每亩300～400克来防治虫害。

十二、切花的采收、加工、冷藏和运输

采收因品种、季节和市场需求而不同，对花蕾开放程度的要求也不同。当地销售时，应在花蕾半开放时采收；远距离运输时，红色和粉色品种要在花蕾外面花瓣的边缘伸开时采收，黄色品种要再略早些，白色品种则要再略晚些。冬季采收花蕾开放得要大些，夏季采收花蕾开放得要小些。花瓣多的品种采收时花蕾开放得要大些，花瓣少的品种采收时花蕾开放得要小些。

为了提高切花的质量，一般在温度较低，空气湿度较大的清晨采收；为了使切花的开度接近，夏季可以在傍晚再采收一次。

玫瑰切花采收后，尽快插入水中并转移到阴凉处。去掉下部

20 厘米的叶和刺，按长度分级，中小花型枝条最短 40 厘米，大花型枝条最短 50 厘米，每 10 厘米一个等级。20 支捆成一扎，中小花型花蕾按一层摆放，大花型花蕾可按两层摆放，花蕾处缠上一圈瓦棱纸，纸的上沿高出花蕾 5 厘米。捆好后将花束下部剪齐插入水中 4 小时，之后送市场销售或放入冷藏室存放。

如果只存放 1～2 天，温度设置为 5～6℃，空气相对湿度控制在 85%。如果存放时间较长，温度设置为 1～2℃，空气相对湿度控制在 90%，在此条件下，干藏两周，湿藏三周。湿藏时，每升清水中要加入柠檬酸 500 毫克，调节 pH；加入 6-苄基氨基嘌呤（6-BA）100 毫克，防止花瓣的脱落和叶子黄化。

切花要采取 2～4℃冷藏运输。如果只能采用常温运输，切花装箱时要加冰块，防止箱内升温而损伤切花。

第四章　香石竹切花标准化栽培技术

香石竹（*Dianthus caryophyllus*）别名康乃馨、麝香石竹、狮头石竹，市场上通常称为康乃馨（英文名为 carnation），是“世界四大切花”之一。香石竹的花语为爱、魅力和尊敬之情。相较于玫瑰（月季），其内涵更为淡雅和温馨。其中粉红康乃馨象征着不朽的母爱，在西方的宗教传说中粉红色康乃馨是圣母玛利亚因为看到耶稣受难流下眼泪，眼泪掉落之处就长出了康乃馨。这也是康乃馨与母亲节产生关联的原因之一。古代的母亲节起源于古希腊，表达的是对女神的崇拜，中国人的敬母爱母之道也有自己深厚的文化背景，包括大量的文学作品和传说。我们现在常说母亲节起源于美国，表达的是对母性的尊敬，时间是在每年 5 月的第二个星期日，这一天是香石竹切花的销售高峰。

一、品种选择

切花香石竹品种按照花的大小和数目分为两类，即大花品种类和多头品种类。按照品种的来源和遗传背景又可分为最初源自美国的西姆（Sim）品系和最初源自欧洲意、法、英、荷等国的地中海（Mediterranean）品系。比较重要的香石竹品种有独头的大花品种系列——红色系列的马斯特（Master）、多明戈（Domingo）、弗朗西斯科（Francesec），粉红色系列的奥粉（Opera）、卡曼（Charmant）、佳勒（Gala）等。近年来多头品种在欧洲等区域发展较快，国内多头品种市场占比还比较小。

二、种苗繁育

香石竹种苗主要是靠营养繁殖，包括扦插繁殖和组织培养繁殖。组培繁殖通常是用在原种的保存和扩繁上，生产上常用扦插繁殖。如果能对生产条件进行人为控制，提供理想的温度、湿度和光照，香石竹的种苗可以周年生产，自然条件下，春、秋季种苗比较容易繁育。

（一）母苗的选择和母本园的建立

母苗的来源可以是扦插苗，也可以是组培苗，但无论是哪种来源都必须遵循性状典型、植株健康的原则，特别是要避免采到芽变、混杂、带病毒的插穗。在常规的母苗保存圃或组培苗圃中都有存在芽变的可能。因此，一定要在比较分枝和开花等特性后，确定与品种标准一致的情况下才可以作为母苗。

母本园要有良好的排灌水条件，做到不旱不涝，还要有良好的通风和光照条件。定植时可盖遮阳网以提高成活率，加快缓苗。一般可遮阴 7～10 天，如果是可卷放的外遮阳还可以根据光照情况控制一天当中的遮阴时段。有条件的母本园最好设置网室，防虫网最好在 60 目以上。

母苗的栽培密度要小于切花生产的密度，适宜的株行距为 10～20 厘米。定植时要使根系舒展，土壤或基质要刚好达到根颈部位。定植之后需要浇透水以确保成活，可以边定植边浇水。之后可以采用滴灌的方式进行灌溉。母本园的面积根据切花生产面积和繁殖系数来确定。

（二）母本园的管理

定植后到缓苗完成之前需要保证基部和地上部有充足的水分，缓苗后过一段时间（大概在 1 周之后）开始随滴灌追施营养液或水溶性肥料。初期以硝酸钙和硼酸钾为主，配少量氮肥，1个月后可增加磷及其他中微量元素。要遵循少量多次的原则，随水施肥，保持土壤湿润但不积水。

母本园病虫害的预防非常重要，要把栽培环境的管理和植株管理相结合，树立全周期植株健康管理的理念，注重预防，而不是等到看见病虫害之后才去打药。在环境管理方面，除了上文中提到的要做好土壤消毒外还要注意病、残叶处理以及定期喷药。药剂防治需要综合考虑物候期和天气情况，一般情况下是7～10天喷一次药预防病虫害，注意轮换用药。要保持母本园的卫生，做好枯枝病叶的处理。

母本园另一个核心的技术措施是摘心。摘心的目的是促进分枝以生产更多的插穗。一般是在苗高10厘米左右时在第4～5节处摘心，可提前1～2天用广谱性杀菌剂对全园进行杀菌。摘心要选择晴天进行，最好是傍晚。摘心前做好手掌的表面消毒，可以用70％的酒精或其他更温和一些的消毒液。摘心后要再次对全园植株进行杀菌。间隔4～5周后可根据苗子长势决定何时进行采穗，核心原则是把握好插穗的产量和质量之间的平衡。

采穗的时机多选择在侧枝长出6～7对叶片时。采穗时同样要对手掌进行表面消毒。采穗时一定要选择健壮的侧枝，留2～4对叶，上部侧枝少留，下面侧枝多留。

为了适应不同的定植时间，可以对插穗进行冷藏。插穗绑扎后成束放入插穗袋，竖放到插穗箱，密封后可以在2～4℃冷库中处理2周。还有报道说插穗可在－0.5～1.5℃条件下冷藏3个月。

三、土壤处理

对于香石竹来说，土壤的pH在5.5～6.5皆可，6～6.5最为理想，EC值不能过高，最好控制在0.6西门子/厘米以下。在设施栽培内连年栽培后容易导致连作障碍，因此有条件的地方最好进行倒茬，没有倒茬条件的地方一定要进行土壤消毒。可以采用高温闷棚、蒸汽高温消毒或药剂消毒等方式。药剂消毒的方式有很多，最常用的是垄鑫消毒，消毒时间加上散气的时间在 21 天以上，揭膜散气后最好取土样做一下发芽试验。如果土壤内有机质含量不足，则需要每年向土壤内施入腐熟的有机肥或其他有机物料。若土壤黏重、通透性不够，还可施入一些矿渣、贝壳之类加以改良。若采用基质栽培，可根据当地条件选配基质。可以用草炭和珍珠岩按 1∶3 的配比或草炭与椰糠按 3∶2 配比，要注意采购质量可靠的基质原料，不可只考虑价格。

四、种苗定植

正所谓万事开头难，切花生产者最先要做好的步骤把从母本供应商处买来的插穗进行扦插繁育生产苗，然后完成生产苗的定植。当然，也有一些生产者是直接采购生产苗进行定植。这个开头是切花标准化生产基础，直接决定了产量和品质。

扦插时可以用生根粉进行处理以利新根的发生。生根粉的主要成分是吲哚丁酸、萘乙酸或安妥硫脲等。扦插用基质推荐采用孔隙度好、透气、保水、洁净、不易分解和发酵的河沙、风化沙、沸石、蛭石、珍珠岩等。插穗基部入土深度 1.5～2 厘米，扦插后保持苗床温度 15～25℃为宜，最高不要超过 30℃。湿度在 90%以上。扦插后 3～5 天要遮阴，并保证地上、地下均达到适宜的湿度。

扦插床宽一般设为 90～120 厘米，以便利管理为准，床高 5～6 厘米，扦插密度以每平方米 800 多条为宜。经过长期冷藏处理的插穗要提前在水中进行处理，让其吸收水分，时间可在 30 分钟左右。苗期做好病虫害预防工作，一般喷药 2～3 次，可根据天气情况灵活掌握。愈伤组织形成后开始喷 2～3 次 0.1%

的磷酸二氢钾。起苗前1～2天要停止喷水。起苗时要选择植株和根系健康、根长2厘米以上的苗。从采穗到起苗的全过程都要注意对不同品种的插穗或种苗进行标识，以免品种混杂。

起苗后要快速进行分级和包装。起苗后如需储存或运输，则需进行预冷处理，通常是在15℃处理12～24小时，之后可存放3天，冬季库温可调降至10℃。长期储存可放在2～4℃条件下，最多不超过4周。

香石竹可周年定植进行切花生产，要根据销售期确定定植时间。单头品种和多头品种的生育期不同，因此在确定其定植时间时要注意。单头品种可以根据上市时间前推6～7个月，而多头品种可以前推7～8个月。定植的株距可以控制在12厘米左右，行距为15～20厘米，每平方米株数要根据品种的特性、栽培方式和栽培环境来确定。床宽可以设置在60～120厘米，高15～20厘米。定植时注意及时浇水，最初几天要用遮阳网遮阴。

五、植株管理

定植后的植株的管理包括摘心、张网和整枝。

（一）摘心

在香石竹切花生产中，摘心是最基本也是必需的管理措施。与母本园一样摘心可以促进分枝，增加枝数（也就是增加产量），与母本园不同的是，切花生产中还有通过摘心来控制上市时间或开花期的目的。

一般采取折断式摘心，对于生长发育比较慢的品种则可以采用摘茎尖的方式。对于不同熟期的品种可以采用不同的摘心方法，包括一次摘心法、一次半摘心法和二次摘心法。在茎发育到第5～6节时，即可以进行第一次摘心，第一次摘心完成之后如果不再进行后续的摘心，则开花会比较早，或者是选择部分生长较快的枝再次摘心（一次半），这两种方式适合栽培周期短的品种。一次摘心后可以分化出3～4个侧枝，这些侧枝将来就发育成第一批花，第一批花采收之后就会在一次枝上抽生二次枝，将来形成第二批花。对于以采收第一批花为主的晚熟性品种可以采用二次摘心法，二次摘心也要在侧枝伸长到5节左右时进行。二次摘心时间越早开花越早。

（二）张网

张网的目的是防止倒伏。在定植之前或第一次摘心后设置支撑网，支撑网通常是10厘米×10厘米孔径的尼龙网，两侧以8号铁丝固定。支撑网设置3层，层间距20厘米。

（三）整枝

为了保证切花品质必须通过整枝来控制分枝数量。整枝可以在摘心后进行。对于单头的品种，可以把7节以上的侧芽都摘掉，7节以下每个侧枝保留2个侧芽。对于多头的品种，要观察侧枝生长的情况，保留健壮的侧枝，摘除发育不良的多余侧枝。

六、肥料施用

香石竹是喜肥作物，要实现优质高产必须科学施肥。目前最科学的做法是采取测土配方施肥。如果没有条件进行测土配方施肥，也可以根据栽培条件、栽培经验和植株不同时期营养状况设计出大致合理的施肥方案。通常在定植前要施入大量的有机肥和过磷酸钙作为底肥，在整个生育期则可以每5～10天随水追施一次水溶性肥，前期为了促进营养生长可以多施氮肥，后期采用复合肥。肥料的种类包括硝酸钙、硝酸钾、硫酸镁、硼砂等，避免使用氯化钾和硫酸铵。摘心前停止追肥，现蕾期至采收期可以多用磷酸钾。

七、温度控制

香石竹喜欢凉爽、温差小的环境，最喜欢的温度是15～20℃，如遇到低于0℃或高于30℃的温度，其生长都会受到影响。一般夏季要控制在27℃以下，冬季最好在10℃以上。

八、光照控制

香石竹喜欢充足的光照。有条件的地方可以将光照强度保持在40 000～50 000勒克斯。

九、水分控制

最适宜的灌水方式是滴灌，可以节水、控制湿度、减少病害，也能提高劳动效率。浇水时要考虑土壤特性、季节、气候因素。一般地区春季2～3天浇一次水，夏季1～2天浇一次水，秋季3～4天浇一次水，冬季5～7天浇一次水，如果是连续阴天则浇水的间隔时间需要根据土壤情况进一步拉大。在苗子定植后长到20厘米左右时应该控制浇水，进行2～3次蹲苗。

十、通风换气

同其他许多作物一样，香石竹也喜欢具有良好的通风条件的生产设施。通风可以降低湿度，改善设施内的空气质量。在冬季时，要解决好通风与温度的矛盾，可以根据天气情况决定通风的时间。

十一、病虫害综合防治

总的来说，病虫害防治应该以预防为主，防治结合，以减少农药用量和劳动强度，同时也提高切花的质量。也就是要在关键时期还未发病时打药，而不要等到看到病症之后再打药。然后要注意看天气用药（比如避开高温时间段），轮换用药，浓度合理，为了提高效率可以适当混用，农药混用时要注意安全，首先就是要看好说明书，可先做可混性试验，试验要注意几条原则：

①农药混用后要确保不增加毒素，对人畜无害；

②必须确保混用后不产生药害等副作用；

③不能破坏药剂的药理性能；

④混用农药时一般不应让其有效成分发生化学变化，比如酸碱性农药不能混用；具有酯、酰胺等结构的农药不宜与碱性农药混用，含硫杀菌剂如代森锌、福美双等不宜与杀虫剂敌百虫、久效磷混用等。

（一）香石竹叶斑病

香石竹叶斑病主要在叶和茎上发生，花上偶尔也可见。最初通常是在下部叶片上出现淡绿色水渍状斑点，近圆形，后逐渐扩大，变成黄褐色至紫色，直至病斑中央枯死，最后病斑相连成片，整个叶片枯死，湿度大时病斑处还会出现黑色孢子堆。花瓣上出现的病斑通常颜色较淡，偶尔也会出现孢子堆。

防治方法：有条件的情况下选择抗病品种和实行轮作、倒茬，选择健康种苗，管理好栽培环境。也可以化学防治，通常采用80％克菌丹水分散粒剂1 000倍液、75％百菌清可湿性粉剂500倍液、80％代森锰锌可湿性粉剂500倍液等杀菌剂，每7～10天进行喷药防治，连续喷2～3次。

（二）香石竹枯萎病

该病易发生在植株一侧的枝叶，先是变黄萎蔫，然后枯萎，严重时全株褐变枯死，植株横截面可见褐色轮纹。

最有效的预防方式就是在定植前进行土壤消毒。定植后注意保护根系，不要在阴天下雨时浇水施肥。为了保持土壤良好的通透性，浇水施肥时也可适当地使用一些有利于生根的微生物菌剂促发新根。一旦发病要及时拔除病株并对土穴消毒。可以选用的药剂有 96％恶霉灵水剂 500 倍液、50％多菌灵可湿性粉剂 500 倍液等。

（三）香石竹灰霉病

该病广泛发生在各种园艺作物上，高温高湿环境下易发病。在香石竹上可发生在花瓣部位，最开始发病时先是花瓣边缘颜色发生变化，呈现淡褐色，接着会出现霉点。

防治该病最有效的方法是降低空气湿度和温度，可以用药剂进行预防，包括芽孢杆菌等生物防治药剂，一旦发病必须用化学药剂进行控制，可以用 80％代森锰锌可湿性粉剂 500 倍液、50％异菌脲水合剂 1 500 倍液等。

（四）朱砂叶螨

该虫的成虫和幼虫均可为害，通常会在叶背吸食汁液，最开始叶片表面出现黄色小斑点，后扩张至整个叶片，叶片边缘开始卷曲，严重时植株会衰弱甚至死亡。对该虫防治效果较好的药剂有 1.2％阿维菌素乳油 1 000 倍液、73％克螨特乳油 1 500 倍液等。

（五）蚜虫

危害香石竹的桃红蚜和棉蚜，其以危害幼嫩茎叶为主，在吸食汁液的同时会排出黏液使茎叶产生煤污，同时蚜虫还会传播病毒病。

可以防治螨虫的同时防治蚜虫，同螨虫一样，蚜虫也容易产生抗药性，因此要注意轮换用药。比较有效的药剂有40%乐果乳油1 000～1 500倍液、10%吡虫啉可湿性粉剂1 000倍液等。

（六）蓟马

在香石竹上取食危害的主要有花蓟马、葱蓟马、黄花蓟马等。其主要在花蕾和心芽上危害，在花瓣上会出现线状斑纹，叶片上则产生烧伤状斑痕。

化学防治的药剂包括40%杀螟松可湿性粉剂1 000～1 500倍液、2.5%敌杀死乳油3 000倍液。

十二、切花采收、加工、冷藏和运输

首先是确定采收的时期，单头的香石竹在花蕾露出花瓣时采收。多头的品种在每株有3个花蕾显色时采收。采花时如果不需要让植株再产花，可以多切一些，否则应该多留一些基部的芽。采花多在傍晚进行，此时积累了较多的碳水化合物，同时光照强度减弱，利于保鲜。

采收后要放在清水中吸水6～8小时，或用保鲜剂处理。保鲜剂分为采收后在流通过程中使用的前处理剂和供瓶插期使用的后处理剂。前处理剂主要是抑制乙烯的合成，包括STS等。后处理剂主要是抑制微生物的繁殖，减少有害物质的产生，同时也可以补充糖分。除了保鲜以外还可以对香石竹切花进行染色处理。染色时通常采用白色的品种，将其茎或花插入染色液中吸水，要避免叶子也被染上色。染色剂可以使用食品色素。染色的时间在1～2小时较好，染色液pH 6为宜。有条件的应该进行预冷处理或低温贮藏，冷藏的温度是2～4℃，如果长距离运输可以采用冷藏车。

第五章　洋桔梗切花标准化栽培技术

洋桔梗（*Eustoma grandiflorum*）又称草原龙胆、土耳其桔梗、丽钵花、德州兰铃，龙胆科草原龙胆属一、二年生直根系草本植物，颜色包括紫、白、黄、绿、粉、玫红、香槟以及多种复色，色彩非常丰富。洋桔梗花型分为单瓣和重瓣，重瓣洋桔梗有花瓣 10～20 个，完全开放时很像月季，单瓣洋桔梗花型则像罂粟，虽然单瓣花很吸引人，但是重瓣品种更受市场欢迎。由于洋桔梗花形别致，花色清新娇媚颇具现代感，其销量急速上升。

一、品种选择

目前，我国洋桔梗切花栽培品种多为日本公司选育，主要应用坂田公司的露西塔系列、三好公司的优胜系列、泷井公司的阿琳娜系列和雪莱系列，其中露西塔系列表现较为突出。

二、种苗繁育

洋桔梗种子非常细小，每克约 10 000 粒，所以生产上采用丸粒化处理的种子。育苗期间对温度、湿度、水分、光照都有特定的要求。育苗基质既要有较好的保水、保肥能力，又要有较好的通气、排水性能，要求通过喷雾始终保持潮湿，但不饱和。一般以泥炭、蛭石、珍珠岩比例 6∶3∶1 为宜。建议最好使用进口泥炭。

1. 胚根萌发阶段（10～12天）

播种后不需要覆盖，补充1 000～3 000勒克斯的光照效果更好。整个育苗期间保持温度白天21～24℃，夜间18～21℃。基质温度22～25℃，始终保持潮湿，但不要过湿，pH 6.2～6.5。在穴盘下铺一层无纺布或塑料薄膜，有助于保持基质的湿度，提高萌芽的整齐性。

2. 茎秆和子叶出现阶段（14～21天）

该阶段开始必须接受光照，冬季生产补光4 500～7 000勒克斯，可缩短生长期。基质温度20～22℃，为了防止簇生现象发生，白天温度不要超过25℃，夜间不要低于15℃，胚根出现后降低基质温度。又因洋桔梗为直根系植物，根系生长迅速，在子叶完全展开后再适当降低温度，生长更好。

待子叶完全展开后，开始施肥，采用$N:P_2O_5:K_2O=14:0:14$的肥料，每周1～2次，氮肥浓度50～75毫克/千克。由于对高盐很敏感，必须保持铵态氮浓度低于10毫克/千克，EC值小于0.75西门子/厘米，pH 6.5～6.8。施肥与浇清水交替进行，为了促进发芽及根系发育，待基质表面略干一点再浇水。选择在早上浇水，天黑前使叶片干燥可以最大限度防止病害发生。

3. 真叶生长和发育阶段（28～35天）

为了防止簇生现象发生应避免温度太高或太低，保持基质温度18～20℃。同时还要防止低光照及湿度太大，以减少植株徒长及病害。为了促进根系发育、控制嫩叶生长，应等基质表面完全干了再浇水，前提是不能让植株枯死。每浇2～3次清水就施一次肥，采用$N:P_2O_5:K_2O$分别为20：10：20和14：0：14的肥料交替使用，氮的浓度为100～150毫克/千克，EC值1西门子/厘米左右，pH 6.5～6.8。

4. 移植或运输的准备阶段（7天）

保持基质温度17～18℃，基质表面干透了再浇水，但不能让植株干死。若需施肥，选用 $N : P_2O_5 : K_2O = 14 : 0 : 14$ 的肥料，氮的浓度为 100～150 毫克/千克，EC 值 0.75 西门子/厘米左右，pH 6.5～6.8。穴盘苗要及时移栽以保证根系活力，不要保存太久使根系缠绕、老化，否则会造成茎秆短、开花迟。

三、土壤处理

因洋桔梗原生地的 pH 为 7～8，所以栽培土的 pH 以 7 为最好，一般掌握在 6.5～7。pH 过低，会引起生长不良，叶片枯焦，甚至不长花蕾。未经过改良的土壤，每亩施用 20～30 $米^3$ 草炭、3 $米^3$ 干燥鸡粪，深翻 50 厘米，通过旋耕使草炭、干燥鸡粪与土壤均匀混合，使用纯生石灰来调整 pH，施用普通杀菌剂和杀虫剂消毒。沿设施纵向按照床面宽 0.9 米、床高 0.1 米、步道宽 0.5 米做好苗床，应用喷灌使基质充分湿润和沉实。倒茬时每亩施用 5～10 $米^3$ 草炭、2 $米^3$ 干燥鸡粪，应用纯生石灰来调整 pH，并施用垄鑫、威百亩等专用土壤消毒剂。

四、种苗定植

种植洋桔梗的基质盐分浓度不能过高，EC 值要低于 1 西门子/厘米。因此定植前首先要测定基质中的盐分浓度。

一般以第 2 对真叶完全展开、第 3 对真叶未展开时为最适宜定植期。定植前安装滴灌、喷灌和铺黑色地膜，可以减少杂草危害，提高保水、保肥能力，也有利于冬季保温以及施肥、浇水。洋桔梗的根为直生根，再生能力较弱，需要适时移植。如果推迟移植，会造成窝根，导致发育迟缓。建议不摘心栽培，株行距 12 厘米×12 厘米，每亩定植 20 000 株左右。同时在定植时要防止伤根，否则极易引起生长迟缓或产生簇生苗。将种苗放入定植穴中，土坨周围用基质封严，注意不要按压，然后用喷灌浇实。

洋桔梗的育苗环境与栽培环境相差很大，需要一周的缓苗期适应栽培环境。在定植初期必须注意避免基质干燥、强光、高温等不良环境。可以使用遮阳网来避免强光，在高温时应用喷雾设备来降低设施内的温度，直到植株新生叶呈狭长形，没有圆叶、厚叶、叶片平展等簇生现象时即可停止喷雾，之后用滴灌保持土壤适当的水分。

五、肥料施用

洋桔梗属于需肥量较高的植物，如果基肥不够，追肥就很重要。洋桔梗不仅要求有充足的大量元素，而且要求土壤中有较多的钙元素，同时还要保持适当高的土壤 pH，以利于钙、锌等元素的吸收。

通常在生长期每半个月施肥 1 次，交替使用 $N:P_2O_5:K_2O$ 分别为 14：0：14 和 20：10：20 肥料，浓度以 100～200 毫克/千克为宜。施肥时要注意硝态氮与铵态氮的比例，通常铵态氮会让茎叶的生长速率较快，叶片会较大较软，叶色较浓，但易造成徒长，尤其是在温度过低时不宜使用。可以补充硝酸钾及硝酸钙，在花苞形成时期，以补充硝酸钾为主。

定植后 6 周植株生长到第 7 节位时，必须特别补充磷、钾肥，采用叶面施肥，以使茎枝粗壮不致软垂。若再继续补充氮肥会使植株茎秆细弱、节间伸长，造成上下节间长度不一致。

在生长中后期如出现茎容易折断，或者有茎纵裂的现象，可能是缺硼所导致。使用硼酸的稀释溶液喷洒植株，可以改善这种现象的发生。

六、温度控制

洋桔梗生长适温为白天 20～24℃，夜间 16～18℃。它的生育速度、节间长度、花芽分化快慢、收获期长短都极易受到温度变化的影响。因此秋冬至早春需加温，尤其是在夜间或寒流期。一般早生种对温度要求较低，温度过高则生育期缩短，植株变矮，增加簇状化的可能性。特别是在出苗期，高温会导致花数减少，上位节间徒长，花梗软弱，质量低下；但如果温度过低，生长就会迟缓甚至不开花。

七、光照调节

洋桔梗对光照反应较敏感，长日照会促进其茎叶生长和花芽的形成，一般以每天 16 小时的光照效果最好。人工补光时，用 100 瓦白炽灯作为光源，光源离地面 2 米，采用 3 米×3 米的间距。补光一般有两种方法：一是间断补光，在 22 时至次日 2 时补光；二是延长光照，在傍晚时延长光照时间，一般第一种方法效果比较好。在冬季和早春期间，尤其要注意补光，通常补光 2～4 小时。

八、水分控制

洋桔梗对水分要求严格，水分过多会引起根部生长不良，也容易造成病害侵染；水分过少会使茎叶细弱，提早开花。定植后一个月内要保持基质湿润，可以采用滴灌来控制水分，特别在花蕾形成之后，应尽可能避免高温高湿的生长环境。

九、通风控制

夏季高温期植株新叶尖端会呈焦枯状，这是缺钙现象。钙离子通常是靠蒸腾作用产生的真空吸力而被带进叶中，加强通风，增加蒸腾作用，是避免缺钙的最好方法，在缺钙发生之前就做好通风才有效。加强通风还可以降低设施内的温度，避免花色因高温而表现不佳。

十、架设花网

为了防止植株倒伏，株高 15 厘米时开始拦网，花网随植株生长而拉高，网眼大小根据定植密度确定。株高 80 厘米以下的拉一层网，80 厘米以上的拉两层网。

十一、病虫害综合防控

通过土壤消毒、平衡施肥、加强通风、温度光照水肥控制、安装防虫网、悬挂黄蓝板等措施，综合防控病虫害。

（一）病害

常见的病害主要有立枯病、病毒病、霜霉病、灰霉病、菌核病等。平时要加强通风换气，降低空气湿度。在干湿交界时期，及时预防蓟马和蚜虫等虫害，预防病毒病发生。发现病害要及时拔除病株、摘除病叶和病花，并施用 25.9％的抗枯宁水剂 500～600 倍液、72％克露可湿性粉剂 600～800 倍液、50％万霉灵可湿性粉剂 600～800 倍液、80％代森锰锌可湿性粉剂 500 倍液等药剂。

目前栽培上最常见的生理病害是因不良环境造成的簇生现象。主要表现有：叶片呈椭圆形、平坦，节间不伸长，生长缓慢。若发生簇生现象势必延长栽培时间，增加生产成本。苗期遭遇高温干燥的环境或定植后的不良田间环境都会引起簇生现象。避免簇生现象发生最有效的方法是在冷凉环境下育苗，即在播种后保持日温 23℃、夜温 18℃的育苗环境。其次，定植初期应避免强光、高温、缺水等不良环境。第三，采用穴盘育苗的，移植时要避免伤根，并注意水分管理，防止幼苗老化。最后，可以选用早生或低温需求量少的品种。

（二）虫害

主要虫害有蚜虫、卷叶虫、蓟马、斜纹夜蛾、潜叶蝇等。根据发生情况，施用相应农药。

十二、切花采收、加工、冷藏和运输

一般开放 2～4 朵花时采收。为了提高品质及延长切花寿命，以 1/3 花蕾开放为最佳。采收后应立即浸入清水中吸水 2 小时，之后放入 13℃的冷库中预冷。在采收前一个月控制水分，减少氮肥施用量，可以明显提高切花品质。

十三、二茬花生产

采收时留 2～3 个节的高度，保留好叶片，避免因留茬过低而造成植株干枯。继续进行水肥管理，待基部或叶腋萌芽后，靠近基部选择 2 个长势强的芽保留，其余抹掉。经过 2～3 月的培养，可以生产出第二茬花。

第六章　单头菊切花标准化栽培技术

菊花（*Chrysanthemum morifolium*）别称寿客、金英、黄华、秋菊、陶菊，是菊科菊属的多年生宿根草本植物，在我国菊花被赋予了吉祥、长寿、高风亮节的含义，是“花中四君子（梅兰竹菊）”之一，有“花中隐士”的封号，中国人有重阳节赏菊和饮菊花酒的习俗。菊花销量位列“世界四大切花”之首。

一、品种选择

近几年辽宁省种植的鲜切单头菊主要是以出口日本、韩国为主，部分用于满足国内需求。栽培品种主要选用日本品种，秋菊白色品种有神马、精兴新年、精兴之诚等，黄色品种有黄金、宝玉等，夏菊白色品种有优香、岩白扇等，黄色品种有金典等。

二、种苗繁育

优质的插穗是关系到切花生产成败的重要一环，因此种苗生产是切花生产的重中之重。只有母株生长健壮才能采到优质的插穗，培育健壮的母株也是切花生产的关键。目前国内生产用菊花插穗可以从专业种苗公司采购。

（一）母苗培养

1. 制订育苗计划

根据生产用苗时间向前推算，夏天提前 3 个月，冬季提前 6 个月安排母苗定植。一棵母苗可生产 8～10 株种苗，生产用苗数量除以 8，即可得到所需母苗数量。

2. 母苗选择

选择由专业种苗公司提供的经过低温锻炼的越冬芽生产的无病无虫健壮插穗、扦插苗或脱毒组培苗作为原始母苗。

（二）母苗定植

1. 苗圃选择

选择地势平坦，土层深厚，土壤肥力好，有灌溉条件、排水良好、盐碱较轻、pH 6.5～7.5 的优质沙壤土作为育苗地。严禁选择重茬地育苗。

2. 土壤改良与消毒

将苗圃地深翻 30 厘米，表土翻入下层，生土翻到表层，确保苗圃地每一处都翻到。每亩施入腐熟牛粪 15 $米^3$或猪粪10 $米^3$，同时施入 $N:P_2O_5:K_2O=15:15:15$ 的复合化学肥料50 千克，旋地前将五氯硝基苯粉剂 6 千克与甲拌磷颗粒剂 4 千克用细沙土混拌后均匀撒入苗圃地。用旋耕机反复旋地 3～4 次，使肥料、农药与土壤混合均匀，将大土块敲碎耙细，石头拣出。

3. 作苗床

苗床一般采用南北向，高垄栽培，床高 10～20 厘米，苗床为梯形，下底宽 80 厘米，上底宽 70 厘米，苗床间作业道宽 30 厘米。

4. 配套设备安装

（1）给水设备安装。为满足浇水需要，每个苗床上面铺 2 根微喷带或 2～4 根滴灌带，滴灌安装结束后，必须立即检查喷水或滴水效果，如有问题立即改进，确保每一棵花苗都能均匀的获得水分。

（2）电照设备安装。辽宁地区在8月10日至翌年5月10日定植秋菊品种，需要进行补光栽培，每9平方米安装1盏25瓦节能灯，距离地面高度1.5～2米，夜间近地表处光照强度要达到50勒克斯以上。夏菊品种母苗栽培全年均需补光，光照强度要求达到70勒克斯以上，略高于秋菊品种。

（3）铺设定植网。将定植网铺设到床面上，两端固定，保证网面张紧，网眼呈正方形，母苗定植后可及时将网撤掉。

5. 定植

一般采用7目网定植，网眼规格10厘米×10厘米，中间一行网眼空出不栽，两边各栽3行，呈品字形栽植，每个网眼栽一棵，每亩定植约12 000株。将带根种苗茎部埋入土里2厘米，用手压实，使根系与土壤保持紧密接触，并保证植株根系舒展。定植后立即浇透水，高温季节定植需采取遮光等降温措施。

（三）母苗定植后管理

1. 水分管理

定植后立即浇1次透水，确保种苗不出现萎蔫现象，定植后至缓苗前每2天浇1次水，使种苗根系周围10厘米范围内水分充足；缓苗以后视土壤和天气情况决定是否浇水，不干不浇，土壤湿度保持在60%～80%。

2. 遮光

母苗定植后用遮光率为75%的遮阳网进行遮光，前3天全天遮光，第4天起上午10时到下午14时遮光，阴天不遮，缓苗后及时去掉遮阴网。

3. 摘心

定植后7～10天，母苗生长点开始伸长时摘心。母苗下部留3～5片叶，距地面3～5厘米，将上部生长点用手掰掉。

4. 消毒

摘心后立即喷杀菌剂 1 次，对种苗进行消毒，防止病菌侵染。

5. 追肥

摘心后 7 天，每亩施干燥鸡粪 50 千克或 $N : P_2O_5 : K_2O = 15 : 15 : 15$ 的速效化肥 30 千克一次，以后每次采穗后施肥，数量相同。

6. 中耕锄草

种苗开始生长后，要及时疏松土壤，防止土壤板结，结合松土铲除杂草。

7. 整枝

侧枝长到 3～5 厘米长时进行整枝，选留 3 个生长良好、茎秆粗壮、生长势均匀一致的侧枝作为采穗母枝，其余枝条全部掰掉。

8. 温度管理

种苗生长适宜温度 15～25℃，夜间最低不能低于 10℃，白天不得高于 35℃，超出此温度界限需采取加温或降温措施。

9. 电照管理

根据品种和定植时间决定是否需要补光，需要补光的种苗定植当天立即进行电照，根据品种和季节不同每天电照 3～5 小时，电照时间一般选在凌晨 0 点前后，电照效果好且费用低。

10. 病虫害防治

母苗与切花苗病虫害基本相同。

（四）采穗

采穗母枝长至 10～13 厘米时是采穗的最佳时机。选健壮、无病、无虫的母株，在采穗母枝下部留 3 片叶，用手在枝条未木质化部分整齐掰断，掰下部分作为插穗，长度 8～10 厘米，将插穗保留 3 片功能叶，整理成 5～7 厘米标准长度。

当天不能扦插的插穗需进行保鲜储藏：包装箱内部铺一层干净的塑料薄膜，薄膜上方铺一层干燥报纸，然后将叶片不带水珠的插穗垂直摆放在包装箱内，不能过紧，装满后在插穗上方再覆一层报纸，最后用塑料薄膜将插穗封严，放入冷库在2℃条件下贮藏。

（五）扦插苗培养

扦插苗对环境条件十分敏感，扦插操作需在温室或冷棚中进行。目前多采用穴盘育苗。

1. 穴盘准备

一般采用128目穴盘。基质一般选择清洁、无污染、不含有害物质、颗粒均匀适中、保水透气性好的草炭、珍珠岩、蛭石、河沙等材料，或由其中的几种混配而成。

2. 插穗预处理

根据插穗木质化程度和生命力强弱，将插穗从生长点算起向下留5～7厘米，其余部分掰掉。将插穗下部2.5厘米叶片摘掉，保留上部2～3片功能叶。处理好的插穗30支一捆用皮筋绑好，便于下一步操作和查数。从专业种苗公司购买的插穗，出厂前已整理成标准高度并完成相关处理，买回来后可直接扦插。

将处理好的插穗在清水中吸水0.5小时，确保叶片不失水，然后捞出放到阴凉处。将插穗基部放入100毫克/千克萘乙酸+25毫克/千克吲哚丁酸溶液中停留3～5秒钟取出，准备扦插。使用商品生根剂需按照产品说明书进行处理。

3. 扦插

用喷壶或细喷头将清水均匀喷洒穴盘，待水湿润至基质的4/5处时，改用高锰酸钾1 000倍液喷洒，直至将基质全部浇透。

蘸完生根剂的插穗用塑料盆等容器盛放，放置于作业道上，边插边取。左手递穗、右手扦插，右手拇指与食指捏住插穗距基部 2.5 厘米处，垂直将插穗插至孔穴底部，插穗无叶部分埋入基质中 2 厘米左右，手指顺势向下一摁，使基质与插穗结合紧密，不可用力过猛，以免将插穗捏伤影响发根。

扦插完成后用喷壶从上方少量浇水，使插穗与基质结合紧密，同时保证充足的水分。叶片不带水珠时喷施 70％甲基托布津可湿性粉剂 800 倍液 1 次。用透明塑料薄膜将苗床完全罩起，四周用泥土或细沙压实，确保不漏风。

4. 扦插后管理

（1）光照管理。扦插后的前 3 天，用 75％遮阳网 24 小时完全覆盖。第四天起每天上午 8 时以前和下午 16 时以后揭开遮阳网，使插穗适当见光，以后可逐步延长见光时间。扦插 7～10 天，将遮阳网全部撤掉，以促进根系发育。阴雨天不遮光。

（2）电照管理。同母苗电照管理。

（3）温湿度管理。适宜温度 15～25℃，最低不低于 10℃，最高不超过 30℃。插穗生根前塑料完全封闭，确保湿度达到 100％，根系生长至 1 厘米时可完全揭掉塑料薄膜，揭膜后立即浇透水 1 次。

（4）消毒。浇水后立即喷施 70％代森锰锌可湿性粉剂 500 倍液 1 次。

（5）出圃。出圃前 1 天浇透水，增强种苗耐储性和对不良环境适应性，叶片风干后喷 1.2％阿维菌素乳油 1 000 倍液＋70％代森锰锌可湿性粉剂 500 倍液 1 次。种苗出圃前要进行严格的检验检疫，将感染病虫害的苗和小苗弱苗等不符合标准的拣出销毁，由检疫部门签发检疫证书。优质苗标准如下：株高 5～8 厘米，侧生根 20 条以上，根系长度 0.5～1.5 厘米，茎干粗壮，2～4 片完全展开叶，无病无虫，生长势强，无老化现象。

就近栽植的种苗随栽随拔，需远途运输或贮藏的种苗要进行妥善的包装，起苗宜选早晨或傍晚气温较低时进行。

（六）定植床直插栽培

1. 扦插

按照切花菊定植要求做好苗床，挂好定植网，确定好种苗定植位置，将蘸完生根剂的插穗直接插至土壤中（苗床覆膜需先打孔），插穗无叶部分埋入土中2厘米左右，手指顺势向下摁，使土壤与插穗结合紧密，不可用力过猛，以免将插穗捏伤影响发根。

扦插完成后用喷头或微喷灌及时将水浇透，使插穗与基质结合紧密。叶片不带水珠时喷施70%甲基托布津可湿性粉剂800倍液一次，然后用透明塑料薄膜将苗床完全罩起，四周用泥土或细沙压实，确保不漏风。

2. 扦插后管理

（1）遮阴管理。扦插后的前3天，用75%遮阳网24小时完全覆盖。第4天起每天上午8时以前和下午16时以后揭开遮阳网，使插穗适当见光，以后可逐步延长见光时间。扦插7～10天，可以将遮阳网全部撤掉，以促进根系发育，但要根据膜下温度情况灵活决定，膜下温度超过30℃时需要及时遮阴。阴雨天不遮光。

（2）电照管理。同母苗电照管理。

（3）温湿度管理。适宜温度15～25℃，最低不低于10℃，最高不超过30℃。插穗生根前塑料完全封闭，确保湿度达到100%，根系生长至1厘米时可完全揭掉塑料薄膜，揭膜后立即浇透水1次。

（4）消毒。揭膜浇水后立即喷施70%代森锰锌可湿性粉剂500倍液1次。

三、土壤处理

为保证产品质量切花生产一般在温室或冷棚中进行，选择地势平坦、土层深厚、土壤肥力好、有灌溉条件、水质优良、排水良好、盐碱较轻、pH 6.5～7.5 的优质沙壤土作为切花生产用地。

菊花苗定植前要对土壤进行适度改良和消毒，每亩施入腐熟牛粪 15 米^{3}或猪粪 10 米^3，同时施入 $N:P_2O_5:K_2O=15:15:15$ 的复合肥 50 千克，旋地前将五氯硝基苯粉剂 6 千克与甲拌磷颗粒剂 4 千克用细沙土混拌后均匀撒到地面上。深翻 30 厘米，用旋耕机反复旋地 3～4 次，使肥料、农药与土壤混合均匀，将大土块敲碎耙细，拣出石头。

为了降低病虫害侵染源，整地前可将棚室完全封闭，使室内温度达到 35℃以上保持 14 天以上，可以有效地抑制或杀死菊花生产中常见的病原菌和害虫。

四、种苗定植

（一）制订定植计划

1. 定植时间

独株栽培 6～10 月出花，生长周期 90～100 天，11 月至翌年 5 月出花，生长周期为 110～120 天，按预计出花时间减去上述时间即可确定切花种苗定植时间。摘心栽培需在上述时间基础上再加 10 天。

2. 定植数量

单头菊独株栽培定植密度一般为净密度 60～100 株/米^2，总密度为 36～60 株/米^2，根据栽植面积计算出所需种苗数量，摘心栽培数量减半。

3. 种苗选择

选择株高 5～8 厘米，侧生根 20 条以上，根系长度 0.5～1.5 厘米，茎秆粗壮，2～4 片完全展开叶，无病无虫，生长势强，无老化现象的优质种苗作切花生产。

（二）定植

1. 定植准备

苗床一般采用南北向，高垄栽培，床高 10～20 厘米，苗床为梯形，下底宽 80 厘米，上底宽 70 厘米，苗床间作业道宽 30 厘米，苗床要求笔直，必须保证床面水平。定植前 2 天将苗床用清水润湿，每亩喷施 300 毫升含量 33%施田补除草剂（甲戊乐灵）一次，然后苗床表面覆一层黑色地膜，可以起到增温、保湿、防除杂草的作用。

每个苗床上面铺 2 根微喷带或 2～4 根滴灌带，安装结束后，必须立即检查出水效果，如有问题立即改正，确保苗床每一处着水均匀，这一点十分重要！

在苗床上铺设网眼为 10 厘米×10 厘米的 7 目尼龙支撑网，网面要绷紧，使每一个网眼呈正方形，网的两端用挡板和铁管固定，有条件的地方用铁丝网效果更好。

2. 定植

种苗定植应选择阴天或晴天早晨和傍晚进行，光照过强或温度过高时应挂遮阳网。选用 7 目网定植，中间一行空出，6 行定植，株行距 10 厘米×10 厘米，每个网眼定植 1 棵种苗，亩定植 24 000株，摘心栽培种苗呈品字形定植，亩定植 12 000 株。大棚内采光条件好的可以用 10 目或 12 目网定植，每亩独株栽培可以定植菊苗 35 000 株左右，摘心栽培可以定植菊苗 18 000 株左右。

将种苗基部埋入土里 2 厘米，培土后用手按实，使根系与土壤接触紧密，并保持根系在土中舒展，定植后立即浇透水。

五、植株修剪

（一）整枝

摘心栽培的菊花，摘心后会发出 3～6 个侧枝，当侧枝长至

8～10 厘米时，每株保留 2～3 个生长势强，高度一致的侧枝，其余的侧枝从根部抹掉。

（二）打侧芽

切花菊侧芽很容易萌发，不但消耗植株养分而且影响商品质量，要及时地将其去掉，去除侧芽的最佳时机是侧芽不超过 0.5 厘米，手指能够伸进叶腋，彻底将其掰去而又不伤叶时为最好。侧芽去得过晚，易造成伤口，降低商品质量，甚至失去观赏价值。该项工作须贯穿整个生长过程。

（三）剥侧蕾

切花菊花序为头状花序，主蕾周边会同时着生几个侧蕾，单头菊栽培现蕾后需及时地从基部将侧蕾剥掉，1 枝花只保留 1 个主蕾。

（四）提花网

随着植株的长高，随时提高花网，使花网始终距植株顶端 15 厘米，以保证菊花能够直立生长。

（五）比久处理

为了使株型更加美观，生长后期需喷施比久两次，菊花现蕾后人眼睛刚刚能看到时，喷施 85%比久 500 倍液 1 次；7～10 天后，花蕾黄豆粒大小时，喷施 85%比久 500 倍液 1 次。

六、肥料施用

除了施足底肥，整个生育期一般需追肥 3 次，分别在高度 30 厘米时、停光前、现蕾前，每亩每次追施 $N:P_2O_5:K_2O=15:15:15$ 复合肥 10 千克。除此以外，可根据作物长势和叶片颜色等性状，适量喷施磷酸二氢钾等叶面肥。

七、温度控制

切花菊生长适宜温度 15～25℃，温度过低时应采取适当的加温和保温措施，温度过高时应通过遮阳网遮阴、喷水、加大通风等方式降温。温度长期低于 10℃易导致莲座化，高于 35℃容易影响花芽正常分化，产生畸形花。秋菊神马花芽分化期夜间最低温度应保持在 18℃以上，否则花芽分化很难完成，始终保持营养生长。

八、光照控制

菊花属喜光作物，适宜的光照强度在 30 000～60 000 勒克斯，白天光照长期低于 20 000 勒克斯，应采取人工补光，光照大于 70 000 勒克斯时，应使用遮阳网。

切花菊分光周期敏感型和光周期不敏感型，秋菊多为光周期敏感型，夏菊多为光周期不敏感型。这两种类型的菊花栽培过程中都可能用到补光和遮光栽培。

（一）秋菊光照控制（以神马为例）

1. 补光

神马花芽分化的临界日长是 13.5 小时，辽宁地区 8 月 5 日到第二年 5 月 10 日自然日照时间低于神马的临界日长，计划在这一时段内处于营养生长的菊花均需在夜间补光 3～4 小时，来抑制花芽分化。电照时期从种苗定植开始，苗高 60～65 厘米停止。棚室内电照强度最低在 50 勒克斯以上。

2. 遮光

神马在辽宁地区自然花期是 10 月下旬，凡是计划在 5 月 1

日至10月下旬这一时段内开花的菊苗均需进行遮光处理，人为创造短日照环境，促进花芽分化。遮光期间棚室内光照强度必须控制在4勒克斯以下，直观的测试就是报纸放在眼前看不清内容。每天保持黑暗时间14小时，苗高60厘米左右开始遮光直至切花结束。

（二）夏菊光照控制

1. 优香

辽宁地区优香一般在3～6月份定植，定植后需立即进行电照补光，电照强度要求达到70勒克斯以上，每天夜间补光5小时，直至高度达到55～65厘米时停光，转入生殖生长。停光后需立即对优香进行遮光栽培，每天保持黑暗时间12小时，直至切花结束。

2. 岩白扇

辽宁地区岩白扇一般在3～6月份定植，定植后需立即进行电照补光，电照强度要求达到70勒克斯以上，每天夜间补光5小时，植株高度达到55～65厘米时停光，停光后无需遮光，在自然日长条件下可正常转入生殖生长，实现切花。

九、水分控制

菊花喜湿怕涝，浇水的原则是见干见湿，每次浇水要浇透。土壤湿度保持在40%～80%为宜，高温季节切忌苗床积水，土温30℃以上，积水半小时根系便会死亡，因此一旦积水需在最短时间内排掉。

十、通风换气

在温度有保障的前提下，定期打开通风口，使室内外空气充分交换，既促进光合作用，又可以有效降低病害的发生。

十一、病虫害综合防治

采用“预防为主，综合防治”的措施。选用抗病品种；采用组培和脚芽更新提高植株抗病性；加设防虫网；换茬或发病初期及时清除病源，切断病源传播途径；改良土壤，增加土壤有机质，增施磷钾肥培育壮苗；加强通风，降低湿度，防止持续高温；喷施化学药剂。

（一）物理防治

1. 悬挂黄板

利用昆虫的趋黄性，亩温室悬挂30片左右黄板，可以显著减少潜叶蝇、白粉虱、蚜虫等危害。

2. 悬挂蓝板

蓟马善于跳跃飞行，使用化学药剂很难达到理想的防治效果，利用蓟马的趋蓝性，悬挂蓝板可有效减少蓟马危害。

3. 悬挂环保捕虫灯

根据昆虫的趋光性在园区或棚室内悬挂捕虫灯，可以有效诱杀鳞翅目害虫成虫，显著降低虫口密度，对环境无污染，是一种很好的防治手段。

4. 高温闷棚

在定植前完全封闭棚室，使室内温度保持35℃以上保持两周可以有效抑制或杀死菊花生产中常见的病原菌和害虫卵及幼体。

5. 降低湿度

空气湿度达到80%以上很容易造成病害蔓延，采取减少浇水次数、减少浇水量、阴雨天不浇水、用热风炉直接加温等措施降低湿度，抑制病原菌滋生蔓延。

6. 加强通风

在温度有保障前提下，尽可能加强室内外空气交流，保持室内空气清新，降低病菌侵染机会。

（二）化学防治

1. 白锈病防治

发病初期喷洒15%三唑酮可湿性粉剂1 000倍液、25%敌力脱乳油3 000倍液、40%杜邦新兴乳油7 000倍液、12.5%氰菌唑乳油3 500倍液，25%阿米西达悬浮液1 000倍液，隔10天喷1次。

2. 蚜虫防治

重点喷药部位是生长点和叶背面。用10%吡虫啉可湿性粉剂1 000倍液、3%啶虫脒乳油1 000倍液防治，50%抗蚜威可湿性粉剂1 500～2 000倍液对蚜虫有特效，但对棉蚜效果差。或用20%灭扫利乳油2 000倍液，或2.5%天王星乳油3 000倍液Ⅰ，或30%乙酰甲胺磷乳油1 000倍液。

3. 螨虫防治

用20%金满枝（丁氟螨酯）1 000倍液，或1.8%虫螨克乳油2 000～3 000倍液，或15%速螨酮（灭螨灵）乳油2 000倍液，或73%克螨特乳油2 000倍液，或5%尼索朗乳油1 500倍液，或50%溴螨酯乳油2 500倍液，或20%螨克（双甲脒）乳油2 000倍液，或5%卡死克乳油2 000倍液。

4. 蓟马防治

用60克/升艾绿士悬浮剂1 500倍液防治有特效。

5. 菜青虫防治

用2%甲维盐（甲基阿维菌素苯甲酸盐）微乳剂1 000倍液或32 000IU/毫克苏云金杆菌可湿性粉剂1 000倍液防治。

十二、切花采收、加工、冷藏和运输

（一）采收

1. 采收程度

根据花朵开放的程度将花朵从花瓣露出到外围花瓣张开分成5度，每一度代表花朵开放的一个阶段。不同的客户对花的开放程度要求略有不同，日本客户一般要求在2～3度时采收。

2. 采收时间

早晨和傍晚温度较低时采收。

3. 采收方法

选符合开放程度和其他切花要求的菊花，用专业的小镰刀或剪刀在距地面5～10厘米处将其剪断，然后用专用小车运送至地头，放入专用运输纸箱中，50或100支一箱，在最短时间内运送到加工间。整个过程要轻拿轻放，防止叶片和花头受伤。

（二）加工

从田间切下的鲜花需在最短时间内进行加工，根据花本身长度和客户要求将其剪成相同长度，同时去掉下部10厘米叶片。一般国际市场上常用的长度有90厘米、80厘米和70厘米3种规格，国内市场上还有60厘米和50厘米两个规格；重量有70～100克、60～70克、50～60克、50克以下4个规格。该项选别一般在菊花专用选别机上进行，没有选别机的可以人工选别。

对鲜花的长度和重量进行选别后，还要根据其花朵开放程度、茎秆直立程度、花脖长短、叶片颜色均匀程度、商品外观性状等进一步细分，归类放置。产品分类选别标准见表6-1。

表 6-1　单头菊切花质量分级标准

等　级	标　　准
优秀	1. 花型正常，开花程度适宜（根据季节，客户要求随时调整） 2. 花脖长度、茎秆粗度适宜（香烟粗度为宜），茎秆直立，不弯曲 3. 植株叶片分布均匀，不缺叶，顶端 20 厘米以内有 16 片叶，上部叶片不能过大或过小，以手撸叶尖与花蕾顶端相平 4. 摘蕾及时，无伤痕，无病虫害，无药害，保证叶片干净 5. 高度 90 厘米，重量 70～100 克 6. 满足以上条件，并整体上长势均匀 7. 关于花脖长度，原则上在 1.5 厘米左右为标准，但如果有柳叶，叶片有焦边现象，即使花脖长度在 1.5 厘米左右，也为不合格产品 8. 花头上部向下 20 厘米以内部分叶片完整，不许有病叶、虫叶和药害，20 厘米以下部位，允许有一片病叶可摘除，不许连续缺两片叶，叶片完整，不影响整体美观
优	以上标准有 1～2 项轻微不足，但差距不大，对质量影响不明显。高度 90 厘米，重量 60～69 克
良	以上标准有一项严重不足或多处轻微不足，质量较差，但有出口价值。高度 90 厘米，重量 50～59 克

经过选别的菊花必须全部经过一次严格的检验检疫，将所有病虫害侵染的植株挑出，在本地市场销售或销毁，确保出口或销往外地的商品不含有检疫对象。本项工作需在检验检疫部门监督下进行，并在商品销售前由检验检疫部门签发检验合格证。

相同规格的鲜花每十支 1 扎，花头对齐。用橡皮筋在基部无叶处绑紧，具体捆扎方式以美观结实为原则。捆成扎的菊花放入 8～10℃预冷间中吸水 6h，然后捞出控干水分。一般纸箱规格为 100 厘米×31 厘米×17 厘米，高强度瓦楞纸材质，承重 100 千克以上，内外侧要进行防潮处理，印刷图案要简洁美观。100 支一箱，上下两层摆放，花头部分用白纸包裹，防止污染，装完后用胶带封箱。最后在箱子上标注品种、颜色、数量、等级、生产日期等，标记要美观，简明扼要，容易辨认。

（三）冷藏和运输

菊花属鲜活物品，必须用冷链运输，短途可用保温车，长途必须用温度可控制在 2℃的冷藏车运输，整个储藏和运输期间，温度需保持恒定，从菊花采收到进入最终消费环节一般不宜超过 14 天。

第七章　多头小菊切花标准化栽培技术

一、品种选择

我国栽培的多头小菊品种主要从荷兰引进，颜色很丰富，大多是光周期敏感型秋菊品种，目前市场上可供选择的品种很多，常见品种见表 7-1。

表 7-1　多头小菊常见品种表

序号	颜色	品　种
1	白	瑞多斯特（白）、阴阳、涅瓦、奥茨、巴卡迪
2	黄	瑞多斯特（黄）、金星、索莱尔、爵士、华丽
3	粉	粉丹特、罗西塔、斯特雷、粉妍、柔情、坦率（粉）
4	红	红丹特、安塔芮丝、普利民特、红哈雷、红辣椒
5	橙	桔星、深桔星、潘克拉斯、哈雷、莱克斯
6	绿	绿橄榄、自然、乡村音乐、绿钻
7	紫	紫丹特、紫妍、里斯本（深）、劳丽普（紫）
8	复色	罗马假日、阿拉莫斯、调色板、赖莎、紫抹白

二、种苗繁育

同单头菊。

三、土壤处理

为保证切花质量切花生产一般在温室或冷棚中进行，选择地势平坦，土层深厚，土壤肥力好，有灌溉条件、水质优良、排水良好、盐碱较轻、pH 6.5～7.5 的优质沙壤土作为切花生产用地。

菊花苗定植前要对土壤进行适度改良和消毒，每亩施入腐熟牛粪 15 米^{3}或猪粪 10 米^3，同时施入 $N : P_2O_5 : K_2O = 15 : 15 : 15$ 的复合化学肥料 50 千克，旋地前将五氯硝基苯粉剂 6 千克与甲拌磷颗粒剂 4 千克用细沙土混拌后均匀撒到地面上。深翻 30 厘米，用旋耕机反复旋地 3～4 次，使肥料、农药与土壤混合均匀，将大土块敲碎耙细，拣出石头。

为了降低病虫害侵染源，整地前可将棚室完全封闭，使室内温度达到 35℃以上保持 14 天以上，可以有效地抑制或杀死菊花生产中常见的病原菌和害虫。

四、种苗定植

（一）制订定植计划

1. 定植时间

辽宁地区多头菊夏季生长期约 80 天，冬季约 90 天，按预计出花时间减去上述时间即可确定切花种苗定植时间。

2. 定植数量

多头小菊定植密度一般为净密度 60～100 株/米^2，总密度为 36～60 株/米^2，根据土地面积可以计算出所需种苗数量。

3. 种苗选择

（1）生根苗。选择株高 5～8 厘米，侧生根 20 条以上，根系长度 0.5～1.5 厘米，茎秆粗壮，2～4 片完全展开叶，无病无虫，生长势强，无老化现象的优质种苗作切花生产。

（2）插穗。一般由专业公司生产，标准统一，不再详述。

（二）定植

1. 定植准备

苗床一般采用南北向，高垄栽培，床高10～20厘米，苗床为梯形，下底宽80厘米，上底宽70厘米，苗床间作业道宽30厘米，苗床要求笔直，必须保证床面水平！定植前2天将苗床用清水润湿，每亩喷施300毫升含量33%施田补乳油除草剂（二甲戊乐灵）一次，然后苗床表面覆一层黑色地膜，可以起到增温、保湿、防除杂草的作用。

每个苗床上面铺2根微喷带或2～4根滴灌带，安装结束后，必须立即检查出水效果，如有问题立即改正，确保苗床每一处着水均匀，这一点十分重要。

在苗床上铺设网眼为10厘米×10厘米的7目尼龙支撑网，网面要绷紧，使每一个网眼呈正方形，网的两端用挡板和铁管固定，有条件的地方用铁丝网效果更好。

2. 定植

种苗定植应选择阴天或晴天早晨和傍晚进行，光照过强或温度过高时应架挂遮阳网。选用7目网定植，中间一行空出，6行定植，株行距10厘米×10厘米，每个网眼定植1棵种苗，亩定植24 000株。

生根苗将种苗基部埋入土里2厘米，培土后用手按实，使根系与土壤接触紧密，并保持根系在土中舒展，定植后立即浇透水。插穗直插处理见“单头菊”。

五、植株修剪

（一）整枝

摘心栽培的菊花，摘心后会发出3～6个侧枝，当侧枝长至

8～10 厘米时，每株保留 2～3 个生长势强，高度一致的侧枝，其余的侧枝从根部抹掉。

（二）打侧芽

多头小菊去除侧芽的工作相对单头菊少，距生长顶端 25～30 厘米以下部位没有侧芽即可。去除侧芽的最佳时机是侧芽不超过 0.5 厘米，手指能够伸进叶腋，彻底将其掰去而又不伤叶时为最好。侧芽去的过晚，易造成伤口，降低商品质量，甚至失去观赏价值。

（三）剥侧蕾

一般在停光或遮黑后 25～28 天剥侧蕾，主蕾周边会同时着生几个侧蕾，现蕾后需及时地从基部将主蕾剥掉，注意不能碰伤旁边的侧蕾。

（四）提花网

随着植株的长高，随时提高花网，使花网始终距植株顶端 15 厘米，以保证菊花能够直立生长。

（五）比久处理

为了使株型更加美观，可以用喷施比久的方式调控生长速度，通常在生长后期喷施比久两次，菊花现蕾后人眼睛刚刚能看到时，喷施 85％比久 500 倍液第 1 次；7～10 天后，花蕾黄豆粒大小时，喷施 85％比久 500 倍液第 2 次。

六、肥料施用

多头小菊需肥量较单头菊相对较少，除了施足底肥，整个生育期需追肥 2 次，分别在停光前、现蕾前，每亩每次追施 N：

P_2O_5：K_2O=15：15：15复合肥10千克。除此以外，可根据作物长势和叶片颜色等性状，适量喷施磷酸二氢钾等叶面肥。

七、温度控制

多头小菊生长适宜温度15～25℃，温度过低时应采取适当的加温和保温措施，温度过高时应通过遮阳网遮阴、喷水、加大通风等方式降温。温度长期低于10℃易导致莲座化，高于35℃容易影响花芽正常分化，产生畸形花。

八、光照控制

菊花属喜光作物，适宜的光照强度在30 000～60 000勒克斯，白天光照长期低于20 000勒克斯，应采取人工补光，光照大于70 000勒克斯时，应使用遮阳网。

多头小菊多为光周期敏感型秋菊，在整个栽培过程中都要根据自然日长和植株所处生长阶段采取相应的补光和遮光措施。

（一）补光

辽宁（沈阳）地区8月5日至翌年5月10日自然日照时间低于13.5小时，计划在这一时段营养生长的菊花均需在夜间补光3～4小时，来抑制花芽分化。电照时期从种苗定植开始，苗高50～60厘米时停止。棚室内电照强度最低在70勒克斯以上。

（二）遮光

辽宁（沈阳）地区2月14日至10月17日黑暗时间低于13小时，这一时段内保持生殖生长的菊苗均需进行遮光处理，人为创造短日照环境，促进花芽分化。遮光期间棚室内光照强度必须控制在4勒克斯以下，直观的测试就是报纸放在眼前看不清内容。每天保持黑暗时间 13～13.5 小时，苗高 50～60 厘米左右开始遮光直至切花结束。

九、水分控制

菊花喜湿怕涝，浇水的原则是见干见湿，每次浇水要浇透。土壤湿度保持在 40%～80%为宜，高温季节切忌苗床积水，土温 30℃以上，积水半小时根系便会死亡，因此一旦积水需在最短时间内排掉。

十、通风换气

在温度有保障的前提下，定期打开通风口，使室内外空气充分交换，既促进光合作用，又可以有效降低病害的发生。

十一、病虫害综合防治

防治策略：预防为主，综合防治。选用抗病品种；采从正规渠道采后无病无虫的健壮种苗；在设施通风口处增加防虫网；换茬或发病初期及时清除病源，切断病源传播途径；改良土壤，增加土壤有机质，增施磷钾肥培育壮苗；加强通风，降低湿度，防止持续高温；喷施化学药剂。

（一）物理防治

1. 悬挂黄板

利用昆虫的趋黄性，温室每亩悬挂 30 片左右黄板，可以显著减少潜叶蝇、白粉虱、蚜虫等危害。

2. 悬挂蓝板

蓟马善于跳跃飞行，使用化学药剂很难达到理想的防治效果，利用蓟马的趋蓝性，悬挂蓝板可有效减少蓟马危害。

3. 悬挂环保捕虫灯

根据昆虫的趋光性在园区或棚室内悬挂捕虫灯，可以有效诱杀鳞翅目害虫成虫，显著降低虫口密度，对环境无污染，是一种很好的防治手段。

4. 高温闷棚

在定植前完全封闭棚室，使室内温度保持35℃以上保持两周可以有效抑制或杀死菊花生产中常见的病原菌和害虫卵及幼体。

5. 降低湿度

空气湿度达到80%以上很容易造成病害蔓延，采取减少浇水次数、减少浇水量、阴雨天不浇水、用热风炉直接加温等措施降低湿度，抑制病原菌滋生蔓延。

6. 加强通风

在温度有保障前提下，尽可能加强室内外空气交流，保持室内空气清新，降低病菌侵染机会。

（二）化学防治

1. 白锈病防治

发病初期喷洒15%三唑酮可湿性粉剂1 000倍液、25%敌力脱乳油3 000倍液、40%杜邦新兴乳油7 000倍液、12.5%氰菌唑乳油3 500倍液，25%阿米西达悬浮液1 000倍液，隔10天喷1次。

2. 蚜虫防治

重点喷药部位是生长点和叶背面。用10%吡虫啉可湿性粉剂1 000倍液、3%啶虫脒乳油1 000倍液防治，50%抗蚜威可湿性粉剂1 500～2 000倍液对蚜虫有特效，但对棉蚜效果差。或20%灭扫利乳油2 000倍液，或2.5%天王星乳油3 000倍液，或30%乙酰甲胺磷乳油1 000倍液。

3. 螨虫防治

用20%金满枝（丁氟螨酯）乳油1 000倍液、1.8%虫螨克乳油 2 000～3 000 倍液，或 15%速螨酮（灭螨灵）乳油 2 000 倍液，或 73%克螨特乳油 2 000 倍液，或 5%尼索朗乳油 1 500 倍液，或 50%溴螨酯乳油 2 500 倍液，或 20%螨克（双甲脒）乳油 2 000 倍液，5%卡死克乳油 2 000 倍液。

4. 蓟马防治

用 60 克/升艾绿士悬浮剂 1 500 倍液防治有特效。

5. 菜青虫防治

用 2%甲维盐（甲基阿维菌素苯甲酸盐）悬浮剂 1 000 倍液或 8 000IU/毫克苏云金杆菌可湿性粉剂 1 000 倍液防治。

十二、切花采收、加工、冷藏和运输

（一）采收

1. 采收时机

一般在每支有 2～3 朵小花开放时采收。

2. 采收时间

早晨和傍晚温度较低时采收。

3. 采收方法

选符合开放程度和其他切花要求的菊花，用专业的小镰刀或剪刀在距地面 5～10 厘米处将其剪断，然后用专用小车运送至地头，放入专用运输纸箱中，50 支或 100 支一箱，在最短时间内运送到加工车间。整个过程要轻拿轻放，防止叶片和花头受伤。

（二）加工

从田间切下的鲜花需在最短时间内进行加工，根据客户要求将其剪成相同长度，标准长度为 75～80 厘米，去掉下部 20 厘米叶片。按照重量分成 A、B、C 3 个级别，再根据花朵开放程度、茎秆直立程度、花脖长短、叶片颜色、均匀程度、商品外观性状等进一步细分，归类放置。产品分类选别标准见表 7-2。

表 7-2　多头小菊切花质量分级标准

等级	标　　准
A	1. 花型正常，开花程度适宜（根据季节，客户要求随时调整） 2. 花脖长度、茎秆粗度适宜，茎秆直立，不弯曲 3. 植株叶片分布均匀，不缺叶，顶端 20 厘米以内有 12 片叶 4. 摘蕾及时，无伤痕，无病虫害，无药害，保证叶片干净 5. 高度 80 厘米，重量 50 克以上 6. 满足以上条件，并整体上长势均匀 7. 花头以下 20 厘米叶片完整，不许有病、虫叶和药害，20 厘米以下部位，允许有一片病叶可摘除，不许连续缺两片叶，叶片完整，不影响整体美观
B	以上标准有 1～2 项轻微不足，但差距不大，对质量影响不明显。高度 75～80 厘米，重量 45～50 克
C	以上标准有一项严重不足或多处轻微不足，质量较差。高度 75 厘米，重量 40～45 克

相同规格的鲜花每 10 支 1 扎，花头对齐，用橡皮筋在基部无叶处绑紧，具体捆扎方式以美观结实为原则。捆成扎的菊花放入 8～10℃预冷间中吸水 6 小时，然后捞出控干水分。一般纸箱规格为 100 厘米×31 厘米×17 厘米，高强度瓦楞纸材质，承重 100 千克以上，内外侧要进行防潮处理，印刷图案要简洁美观。100 支一箱，上下两层摆放，花头部分用白纸包裹，防止污染，装完后用胶带封箱，最后在箱子上标注品种、颜色、数量、等级、生产日期等，标记要美观。简明扼要，容易辨认。

（三）冷藏和运输

菊花属鲜活物品，必须用冷链运输，短途可用保温车，长途必须用温度可控制在 2℃的冷藏车运输，整个储藏和运输期间，温度需保持恒定，从菊花采收到进入最终消费环节一般不宜超过 14 天。

第八章　唐菖蒲切花标准化栽培技术

唐菖蒲（*Gladiolus hybridus*）别名剑兰、十样锦、扁竹莲、菖兰、十三太保，属鸢尾科唐菖蒲属多年生球根植物，花朵硕大，花色丰富、艳丽。中国人认为唐菖蒲叶似长剑，犹如钟馗佩戴的宝剑，可以挡煞和辟邪，再加上其花朵由下往上渐次开放，象征节节高升，常用做祝福花篮、花束、瓶插等，在插花领域被称为“万能泰斗”，为“世界四大切花”之一。

一、品种选择

1. 依据开花习性分类

（1）春花品种。植株较矮小，茎叶纤细，花小型。耐寒性强。一般在亚热带地区秋季种植，冬季在露地继续生长，翌年春季开花，可提供早春切花。

（2）夏花品种。植株高大，花多数，大而美丽。一般春季栽植，夏季开花，如果推迟栽种期，也可以在秋季开花。

2. 依据花型大小分类

（1）巨花型。花冠直径14厘米以上。

（2）大花型。花冠直径大于11厘米，小于14厘米。

（3）中花型。花冠直径8～11厘米。

（4）小花型。花冠直径小于7.9厘米，一般春花类多属于此种类型。

3. 依据生长期分类

(1) 早花类。生长60～65天，有6～7片叶时即可开花。

(2) 中花类。生长70～75天后即可开花。

(3) 晚花类。生长期较长，80～90天，需8～9片叶时才能开花。

4. 依据花色分类

唐菖蒲品种的花色十分丰富又极富变化，大致可以分为10个色系：白色系、粉色系、黄色系、橙色系、红色系、浅紫色系、蓝色系、紫色系、烟色系及复色系。

目前，我国栽植的唐菖蒲种球绝大多数是进口的，主要来自荷兰等，品种主要有白玉堂（白色）、钻石粉（粉色）、嫦娥粉（粉色）、超级红（红色）、桃色天使（紫红色）、金竞赛（金黄色）、雄狮（红色黄边）、蒂克斯（粉红色白边）、鹦鹉（粉色黄芯）。

二、种球繁育

唐菖蒲杂交育种时用种子繁殖，商品种球生产以分球繁殖为主。一个较大的唐菖蒲球茎栽种后，能长成两个以上的新球，在新球与老球之间能形成许多小球，称为子球，少者十几粒，多者上百粒，这些子球都可以作为繁殖材料，生长一年以后，如果子球的直径达2厘米以上，就能成为开花球了。

根据球茎的大小，可以分为四级：直径在6厘米以上为一级，称作大球；4厘米左右为二级，称为中球；2.5厘米左右为三级，称为小球；1厘米以下称为子球，属于四级，用子球进行繁殖，需经3～4年才能开花。

中球和大球采用开沟点种法，沟深为球直径的3倍左右，株距可根据球径大小灵活掌握。小球采用开沟撒播法，子球多采用直接撒播法。下种前要施足基肥，但要注意肥料不能和球茎直接接触，播种后注意水分管理，出苗前不干不浇。

作切花用的球茎，最好是由子球种植 1～2 年后所获得的新球。连年用开花球生长后获得的球茎栽培，会发生茎叶发黄、枯萎，穗状花序变短，花朵变小，花瓣色彩暗淡，切花质量与产量下降，这种现象称之退化。退化的原因是多方面的，一般认为是由于夏季高温干燥，生长不良或由于病毒病所引起，也有的认为是生育期不够长，营养积累不充分、球茎休眠期贮藏条件不良等所致。

三、土壤处理

1. 土壤准备

土壤宜选择土层深厚、疏松、肥沃的微酸性沙质壤土。要求土壤的 pH 在 5.5～6.5，土壤的 EC 值应小于 2 西门子/厘米，土壤中氯含量不高于 50 毫克/升。栽植前深翻 40 厘米，一次性施入腐熟有机肥 3 000 千克/亩、硫酸钾复合肥 80 千克/亩。

2. 土壤消毒

用 40%的福尔马林水溶液配成 1∶50 倍药液泼洒土壤，用量为 25 千克/米^2，泼洒后用塑料薄膜覆盖 5～7 天，然后揭开膜 10～15 天，待药气散尽后才可种植。也可用必速灭或垄鑫进行熏蒸消毒。消毒土层为 30 厘米。

土壤消毒宜在栽培基质中施足基肥和完成土壤改良的前提下进行。

四、种苗定植

1. 定植时间

从定植到开花，早花种 60～65 天，中花种 65～70 天，晚花种 75～90 天，可以根据供花时间分批种植。

2. 定植密度

株行距各15厘米，大株型品种株距20厘米×20厘米，每亩种植16 000～24 000个种球。

3. 定植方法

沿苗床横向开条沟，深10～12厘米，将球茎芽眼朝上排于沟内，覆土8～10厘米，栽植完毕浇透水。

五、植株修剪

随着植株长高，植株容易倒伏和弯曲，需要架织网防倒伏。温室栽培的唐菖蒲植株生长比露地偏高，细弱、易倒伏，需拉网支撑。其方法是在栽培床四角处钉4个木桩，当苗长到20厘米高时，网挂在床面上以支撑植株，之后随着植株高度的增加不断提升网的高度，当苗高达到25～30厘米时还应及时培土。

六、肥料施用

生长期一般进行3次追肥。3叶期进行第一次，每亩追施12～18千克颗粒状硝酸钙；5叶期进行第二次，每亩追施15～20千克的1%磷酸二氢钾；花后进行第三次，每亩补施10～15千克尿素。

七、温度控制

唐菖蒲喜温但不耐闷热，因此冬季日光温室栽培需协调好温度与通风。苗期温度要求较低，白天控制为15℃，夜间为5～10℃。生长期白天控制为20～25℃，夜间应用热风炉加温至10～15℃，低于10℃生长缓慢，低于5℃盲蕾增多，低于0℃则产生冻害，造成植株死亡。

八、光照控制

唐菖蒲为喜光性长日照植物，冬季栽培需要充足的光源，应及时补光。采用 100 瓦的白炽灯作为补光源，每 8～10 米安装 1 只，安装高度以距植株上方 50 厘米为宜。从 2～3 叶期开始，采用暗中断法照明，每晚午夜增加光照 2～3 小时，至花序抽出时停止补光。遇连阴天，白天需补光 8 小时。

九、水分控制

栽植后，土壤持水量应保持为 25％左右，晴天每隔 3～4 天浇水 1 次，花芽分化和花葶伸长期要适时补水。温室栽培宜采用滴灌，以利于保持良好的土壤结构，降低室内湿度。

十、通风换气

唐菖蒲喜通风良好环境，在日光温室栽培中应注意通风换气，以防止徒长。通风一般在中午进行，速度不宜过于迅速，以防温室内温、湿度剧烈波动而引起叶片“烧尖”现象。通风过程中要特别注意温室的温度和相对湿度的波动幅度不能剧烈。

十一、病虫害综合防治

（一）病害防治

1. 枯萎病（茎腐病）防治

主要发生在球茎、叶、花和根部，当遇到温暖潮湿的气候环境时，全株受病害侵染，发病较重，危害较大，采用避免连作、土壤消毒、种球消毒等方法防治效果良好。

播种前对土壤和球茎进行消毒，发病后及时清除感病植株及球茎。用50%多菌灵、50%福美双或菌速克可湿性粉剂500～800倍液浇灌感病球茎周围3～5米^{2}的植株。如果地块发病较重，要全面灌根处理。

2. 叶枯病防治

多从唐菖蒲下部叶片尖端开始发病，初为褪绿色黄斑，后期病斑干枯出现黑褐色霉层。

栽种前剥掉球茎干枯鳞片，并用0.5%的高锰酸钾水溶液浸泡球茎15分钟，进行消毒处理。或在植株病发初期，用1%量式波尔多液或50%代森锌可湿性粉剂1 000倍液，8～10天喷洒一次。

3. 干腐病防治

一般引起叶片基部出现黄褐色斑块并有腐烂。球茎播种前进行消毒。发病初期可用50%多菌灵可湿性粉剂500～600倍液，75%百菌清可湿性粉剂500倍液喷施。

4. 灰霉病防治

加强棚内通风，避免出现高热高湿。发病后及时摘除病叶。发病初期用75%百菌清可湿性粉剂250倍液+50%多菌灵可湿性粉剂250倍液叶面喷施。

5. 青霉病防治

球茎采收时，避免伤口，减少病菌侵入。球茎贮存过程中，如发现有霉变的球茎要及时清除，并用1%高锰酸钾水溶液或15%福美双可湿性粉剂500倍液浸泡30分钟进行消毒。

（二）虫害防治

1. 蜗牛防治

可喷施50%辛硫磷乳油1 000倍液、20%杀灭菊酯乳油1 000倍液，也可向根基撒施6%蜗克星颗粒，用量为400克/亩，或傍晚在蜗牛活动处撒生石灰进行防治。

2. 螨类防治

可喷施40%三氯杀螨醇乳油1 000倍液、40%氧化乐果乳油1 000～1 500倍液，每7～10天喷施1次，交替使用，连喷3遍。

3. 蓟马防治

可用2.5%溴氰菊酯400倍液喷洒防治。

4. 蛞蝓防治

可用3%石灰水或100倍氨水喷洒防治。

十二、切花采收、加工、冷藏和运输

（一）采收标准

以穗基部有1～5个花蕾显色时为宜。切花剪切高度在植株离地面5～10厘米处为宜。

（二）采切方法

采收头一天视棚内土壤水分状况可适当补充水分。切花采收在清晨进行，早上10时之前采收完毕，在温室中放置的时间应严格控制在30分钟之内。采收下来的花应置于阴凉处避免太阳照射，并迅速送回包装车间。运输时应防止机械损伤，分级包装前应将切花尽快插入自来水中，以保持水分吸收。如果不能立即分级与成束，吸去切花表面的水分，置于2～4℃的冷库中冷藏。

（三）分级包装

根据花苞数量、茎长度、坚硬程度及叶片和花苞是否有损伤进行分级。将茎基部10厘米的叶片除去，摘掉黄色或损伤叶片，清除叶片上的污物。按10支一扎进行捆扎，用吸足水分的纸包好，以保护花苞和叶片不受损伤。

（四）贮藏

加工整理后的唐菖蒲首先进入8℃的预冷室中预冷吸水，时间为6～8小时，之后移入2～4℃的条件下低温储藏。

采收后的唐菖蒲切花如若不立即上市，可让其吸透水后，按一定数目扎成束，吸去切花表面的水分，置于3～5℃的冷库中冷藏。唐菖蒲切花的向地性很强，应使其保持直立状态来运送或立放在有杀菌剂的容器中。为防压伤或水分散失，每束花都用保湿材料包裹。

（五）运输

装箱及运输切花发货前，应装在带孔的干燥箱子中，以防止产生高浓度的乙烯；运输过程中应尽量保持低温，一般温度要求在8～10℃，空气相对湿度保持在85%～95%。花茎须直立放置，避免花穗向上弯曲。

第九章　非洲菊切花标准化栽培技术

非洲菊（*Gerbera jamesonii* Bolus）别名扶郎花、猩猩菊、日头花，属于菊科大丁草属多年生草本植物。非洲菊花大色美，娇姿悦目，是重要的插花装饰元素。对光周期的反应不敏感，自然日照的长短对花数和花朵质量无影响，通常四季有花，以春秋两季最盛。与玫瑰、香石竹、唐菖蒲一起被称为“世界四大切花”。

一、品种选择

非洲菊的品种可分为 3 个类别：窄瓣型、宽瓣型和重瓣型。常见栽培品种有火星、热烈、皇后、独立、大臣、美丽贝拉、双色、阳光海岸、菜花黄、太阳风、黄金时代、飘逸、白马王子、水粉、梦境、佳粉、莲花、戴安娜等。

二、种苗繁育

（一）分株繁殖

先挖出母株，把地下茎切分成若干子株，每株子株须带有新根和新芽。栽植不宜过深，根芽必须露出土面。不带根的新芽，则难以成活。

（二）组培繁殖

采用叶片、未受精胚珠、花芽、茎顶、根茎等材料作外植体可以繁育成批试管幼苗，并投入规模化种苗生产。目前用于切花生产的种苗都是组培苗。

三、土壤处理

（一）土壤改良

种植前深翻土壤30厘米，每亩施入腐殖土5米^3，腐熟农家肥2 000千克，过磷酸钙65千克，复合肥（N∶P_2O_5∶K_2O=15∶15∶15）50千克，施入土壤后用旋耕机充分搅拌，使肥与土壤混合均匀。

（二）土壤消毒

采用必速灭或其他化学药品进行土壤消毒。平整土地，去掉植物残茬，避免有大土块。保持土壤在30%～50%的湿度一周的时间。根据土壤特性和防治对象称取相应的药品，均匀撒施。一般情况下必速灭的推荐使用量为40克/米^2。施药后，立即以20厘米土壤深度混合土层。在土壤表面洒水，使土壤含水量维持在50%～60%，用塑料膜覆盖土壤。根据土壤温度，确定消毒时间。10℃时维持27天，15℃时维持20天，20℃时维持16天，25℃时维持13天。去掉塑料膜，翻地1～2次，深度不要超过施药深度。等待一周后，做种子发芽试验（检查有无药害），必要时再翻地一次，确保土壤中没有残留有毒气体。为节约生产成本的投入，第一次种植非洲菊的土壤可以不进行消毒。

四、种苗定植

（一）种苗选择

优质种苗标准：种苗健壮，叶片油绿，根系发达、须根多、色白，叶片无病斑、虫咬伤和机械损伤缺口。选择苗高11～15

厘米，真叶4～5片的种苗定植。

（二）定植时间

大棚内周年均可定植，但从生产及销售的角度考虑，以4～6月或9～10月定植较为理想。

（三）定植方式

做床和起垄均可。起20厘米的高床，床面宽100厘米，沟宽40厘米。定植株行距30厘米×40厘米，保证通风透气。通常每亩可种植4 500株左右。

（四）定植方法

定植前2～3天，给土壤浇透水；在阴天或晴天的早晨和傍晚进行定植；要深穴浅植，根颈部位露于土表1厘米，否则植株易感染真菌病害，如果植株栽得太浅，采花时易拔出植株；栽完后及时浇透水。

五、栽培管理

（一）小苗期的管理

定植后用70%的遮阳网遮光15天左右，种苗发新根后再逐渐增加光照。通过放风和喷水来调节温度，昼温保持在22～25℃，夜温18～20℃，持续1个月。浇水时间在早晨为好，土壤的水分不宜过干和过湿，切忌积水，浇水频率3～5天一次，要根据土壤结构、天气状况等具体来定。每天逐株检查小苗，及时剔除带病植株，补上健壮小苗。

（二）成苗期的管理

定植后1个月左右，非洲菊就进入旺盛生长期。光照过强时需适当遮阴，光照强度维持在25 000～30 000勒克斯。非洲菊基生叶丛下部叶片易枯黄衰老，应及时清除，既有利于新叶与新花芽的萌生，又有利于通风，增强植株长势。温度调整为白天20～25℃，夜间15～18℃。每月亩追施1次N∶P_2O_5∶K_2O=15∶15∶15的复合肥20千克；每月喷施广谱杀菌剂，如75%百菌清可湿性粉剂500倍液、70%甲基托布津可湿性粉剂800～1 000倍液2～3次预防病害发生，不要长期应用一种药剂。

（三）花期的管理

定植3～4个月左右即进入花期。每15天亩施用1次N∶P_2O_5∶K_2O=15∶15∶30的复合肥6千克。采用叶面喷施方法补充钙、铁等微肥，一般25天1次，用0.1%～0.2% $Ca(NO_3)_2 \cdot 4H_2O$与0.1%～0.2%的螯合铁+0.1%～0.2%的硼砂+5～10毫克/千克的钼酸钠进行叶面交替喷施；浇水原则是"不干不浇，浇则浇透"，浇肥、浇水时注意不要将肥水从叶心中注入，否则会引起花芽腐烂。及时锄草，清除病叶、枯叶。棚内相对湿度保持在70%～80%。夏季要注意遮阳及通风降温；冬季要注意加温及保温，尤其应防止昼夜温差太大，以减少畸形花的产生。

六、病虫害防治

（一）疫病

发病初期，叶片部分发红，开始出现萎蔫，用58%乙膦铝锰锌可湿性粉剂400倍液灌根，过7天后用64%杀毒矾粉剂500倍液灌根，施药时间在早晚气温低时进行，温度高于28℃时停止施药，每隔7天用药1次，连续3次。

（二）白粉病

用硫黄熏蒸法防治，每个熏蒸器每次投放硫黄粉20～30克，于每日17时放帘后，保持棚内密闭，通电加热2小时，每隔6天更换1次硫黄粉，连续熏蒸15天。在白粉病发病期间，每天熏蒸8～10小时，10天左右即可消除白粉病。

（三）灰霉病

控制湿度是防治灰霉病的关键。将密植的、生长过密的叶片疏除；增加通风透气，空气湿度保持在75%～85%；从植株冠丛以下浇水；晴天上午10时以后，要逐渐放风，避免棚内湿度急剧下降；发病初期用70%甲基托布津可湿性粉剂1 000倍液叶面喷雾，并结合烟雾剂进行防治。

（四）白粉虱

彻底清除杂草；插黄板进行随时监测，一旦发现虫害，要及时采取措施；选好药剂和正确用药：白粉虱对农药易产生抗性，必须轮换用药。效果较好的农药，常用的有4.5%高效氯氰菊酯乳油1 000倍液、1.2%阿维菌素乳油1 000倍液、10%吡虫啉可湿性粉剂1 000倍液等。喷药时间选在黎明，喷后密闭大棚4～5个小时，第二天早晨连续喷药一次。

（五）蓟马

及时剪除有虫花朵，从而减少大棚内的虫源；在大棚中熏蒸农药是最好的防治方法，用80%敌敌畏乳油300～400毫升熏蒸1小时或用5%吡虫啉可湿性粉剂1 500～2 000倍液喷雾后关闭大棚8～10小时，熏蒸时间可以在上午10时或傍晚17时温度稍高时进行以达到良好药效。

（六）菜青虫

可采用4.5%高效氯氰菊酯乳油1 000倍液进行防治，7天1次，连续3次。

附：非洲菊切花栽培管理月历

月份	1	2	3	4	5	6	7	8	9	10	11	12
定植				最佳					最佳			
最高温度	20～25℃			<28℃							20～25℃	
最低温度	>15℃			>18℃							>15℃	
喷灌	4～6 天 1 次			3～5 天 1 次		2～4 天 1 次					4～6 天 1 次	
喷灌要领	①浇水原则是“不干不浇，浇则浇透”； ②晴天时，尽量上午浇完水，遇阴雨或多云天气应减少浇水量； ③小苗期和开花期需水大； ④浇水时注意不要将水从叶心中注入											
光照	不用遮光			25 000～30 000 勒克斯，遮光 70%							不用遮光	
病虫害	防治参考非洲菊切花标准化栽培技术											

参 考 文 献

包清彬，2004. 鲜切花实用运输保鲜包装技术探讨[J]. 包装工程，25（4）：47-50.
曹玉梅，2008. 微量元素对郁金香切花品质的影响[J]. 青海农技推广（3）：24-26.
陈佳祥，赖德才，2012. 唐菖蒲切花丰产栽培技术[J]. 现代园艺（15）：48-49.
冯秀丽，杨迎东，屈连伟，等，2006. 菊花鲜切花栽培技术[J]. 辽宁农业科学（1）：56-57.
郭志刚，张伟，2000. 花卉生产技术原理及其应用丛书——香石竹[M]. 北京：中国林业出版社.
郭志刚，张伟，2001. 月季[M]. 北京：中国林业出版社，清华大学出版社.
何桂芳，2005. 东方百合鳞茎打破休眠和低温冷藏技术研究[D]. 杭州：浙江大学.
胡军荣，2014. 切花唐菖蒲栽培技术[J]. 现代园艺（21）：48-49.
胡新颖，印东生，颜范悦，等，2010. 北方地区郁金香切花栽培技术要点[J]. 北方园艺（5）：120-122.
雷增普，温俊宝，等，2005. 中国花卉病虫害诊治图谱[M]. 北京：中国城市出版社.
李莉，2004. 鲜花的切取、运输与保鲜[J]. 农业科技与信息（10）：31.
李连波，杨迎东，等，2016. 辽阳现代农业种植技术[M]. 沈阳：辽宁科学技术出版社.
李娜，王飞，2014. 唐菖蒲的繁育技术[J]. 吉林蔬菜（4）：14-15.
李跃，2000. 鲜切花的保鲜包装技术研究初探[J]. 中国包装，20（3）：47-50.
李枝林，2009. 鲜切花栽培学[M]. 北京：中国农业出版社.

刘峰，2007. 切花郁金香的优质栽培[J]. 特种经济动植物（11）：32-33.
刘刚，2010. 天水市唐菖蒲切花反季节栽培技术[J]. 甘肃农业科技（2）：54-56.
刘景祥，朱静启，郤作真，2006. 日光温室唐菖蒲栽培技术[J]. 北方园艺（3）：59.
龙雅宜，2003. 几种主要切花生产技术[J]. 西南园艺，31（2）：49-50.
罗萝，苏恩平，陈祖春，2004. 刺足根螨在百合上的发生为害情况及防治对策研究[J]. 中国植保导刊（11）：26-27.
穆鼎，刘春，义鸣放，等，2005. 观赏百合生理、栽培、种球生产与育种[M]. 北京：中国农业出版社.
齐杨，2007. 切花型洋桔梗栽培指南[J]. 温室园艺（12）：35-36.
屈连伟，雷家军，苏君伟，等，2015. 郁金香人工杂交技术研究[J]. 现代园林，12（4）：328-331.
屈连伟，苏君伟，邢桂梅，等，2015. 郁金香盆花标准化栽培[J]. 中国花卉园艺（18）：28-29.
屈连伟，苏君伟，赵展，等，2016. 国产郁金香种球产业化及市场营销策略探析[J]. 园艺与种苗（9）：42-45.
石宝才，路虹，宫亚军，等，2010. 韭菜迟眼蕈蚊的识别与防治[J]. 中国蔬菜（11）：21-22.
吴莎莎，刁义维，等，2010. 百合切花设施标准化生产[J]. 温室园艺（8）：36-40.
吴媛媛，2012. 国内洋桔梗栽培技术研究进展[J]. 园艺与种苗（11）：1-3.
邢桂梅，张艳秋，苏君伟，等，2017. 两种野生郁金香在沈阳地区的引种驯化[J]. 北方园艺（9）：75-78.
杨迎东，苏君伟，屈连伟，等，2006. 神马花芽分化与环境因子相互作用关系初步研究[J]. 辽宁农业科学（1）：45-46.
袁振亚，姚维申，2012. 浅谈鲜切花生产中的技术要点[J]. 上海农业科技，3：102.
张焦乐，2016. 唐菖蒲栽培管理技术[J]. 中国园艺文摘（5）：177-178.
张艳秋，屈连伟，苏君伟，等，2016. 冷藏对郁金香生物学性状及 F_1 种子萌发的影响[J]. 北方园艺（20）：76-80.
张艳秋，屈连伟，邢桂梅，2017. 郁金香杂交种子萌发和小鳞茎离体形成研究[J].沈阳农业大报，48（1）：89-93.
赵统利，朱朋波，邵小斌，等，2008. 切花郁金香日光温室促成栽培技术规程[J].江苏农业科学（5）：157-158.
赵祥云，2005. 鲜切花百合生产原理及实用技术[M].北京：中国林业出版社.
赵小明，茅淑敏，2002. 郁金香生产技术[M].北京：中国农业出版社.
邱强，李贵宝，员连国，等，1999. 花卉病虫原色图谱[M].北京：中国建材工业出版社.

图书在版编目（CIP）数据

鲜切花标准化栽培技术 / 郎立新主编 . —北京：中国农业出版社，2018. 1（2019. 6 重印）
ISBN 978-7-109-23776-6

Ⅰ. ①鲜…　Ⅱ. ①郎…　Ⅲ. ①切花—观赏园艺　Ⅳ. ①S68

中国版本图书馆 CIP 数据核字（2017）第 318512 号

中国农业出版社出版
（北京市朝阳区麦子店街 18 号楼）
（邮政编码 100125）
责任编辑　刁乾超　张凌云

中农印务有限公司印刷　　新华书店北京发行所发行
2018 年 1 月第 1 版　　2019 年 6 月北京第 2 次印刷

开本：850mm×1168mm　1/32　　印张：3. 875　　插页：4
字数：91 千字
定价：18. 00 元

百合灰霉病早期症状（叶片正面）

百合灰霉病早期症状（叶片背面）

百合疫病（茎基部）

百合基腐病早期症状

百合种球青霉病

百合叶片生理性焦枯

百合冬季落叶

低温导致百合花苞畸形

百合病毒病

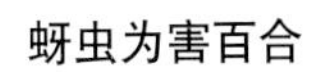

蚜虫为害百合

郁金香花叶病毒

蛴螬为害郁金香

郁金香花蕾早期枯萎状

郁金香茎软腐病

郁金香种球腐烂病

玫瑰白粉病

玫瑰霜霉病（幼枝）

玫瑰霜霉病（老枝）

玫瑰灰霉病

红蜘蛛为害玫瑰

洋桔梗簇生化

洋桔梗枯萎病

棉铃虫为害洋桔梗

菜青虫为害菊花

菊花白锈病（叶片正面）

菊花白锈病（叶片背面）

蚜虫为害菊花

唐菖蒲灰霉干腐病

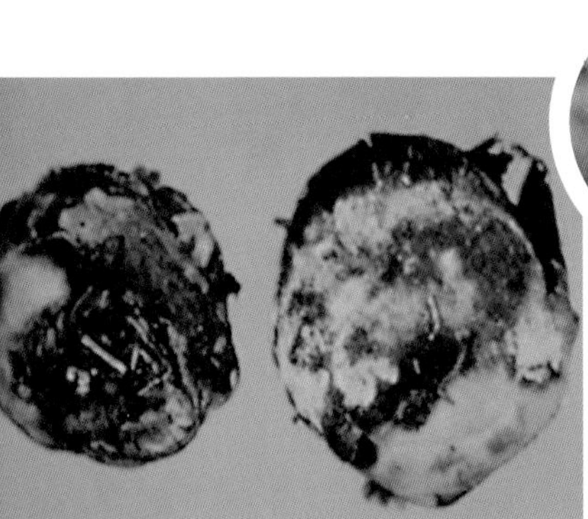

唐菖蒲种球腐烂病

非洲菊根腐病

非洲菊白粉病

非洲菊灰霉病

非洲菊黑斑病

白粉虱为害非洲菊

潜叶蝇为害非洲菊

非洲菊缺铁症状